安徽省科技重大专项项目（202103a05020026）
安徽省重点研究与开发计划项目（202104a07020014）
国家自然科学基金项目（41474026）
安徽省自然科学基金项目（2008085MD114）
淮南矿业（集团）有限责任公司研究项目［HNKY-JTJS(2017)-122、HNKY-JTJS(2018)-178］

巨厚松散层区域开采沉陷规律与预计

余学祥　吕伟才　李静娴　方新建
池深深　杨　旭　谭　浩　著

中国矿业大学出版社
·徐州·

内容提要

本书为解决淮南潘谢矿区巨厚松散层开采沉陷常规预测方法与实际误差较大的问题，通过收集、整理、分析潘谢矿区观测站资料，按地质采矿条件和受护建(构)筑物重要程度建立分类标准，分析地表移动变形基本规律，构建了改进的优化概率积分预计模型，研发了开采沉陷地表移动变形预计软件，实现了两者误差不超过12%。

本书的研究成果可为矿区安全生产、煤柱留设、村庄搬迁、环境治理等提供技术支撑，可供从事矿山开采沉陷分析和矿区生态环境治理的科研人员和工程技术人员以及高等院校相关专业的师生阅读参考。

图书在版编目(CIP)数据

巨厚松散层区域开采沉陷规律与预计 / 余学祥等著
. — 徐州 ：中国矿业大学出版社，2023.6
ISBN 978-7-5646-5853-3

Ⅰ. ①巨… Ⅱ. ①余… Ⅲ. ①煤矿开采—沉陷性—研究 Ⅳ. ①TD821

中国国家版本馆 CIP 数据核字(2023)第 098830 号

书　　名　巨厚松散层区域开采沉陷规律与预计
著　　者　余学祥　吕伟才　李静娴　方新建　池深深　杨　旭　谭　浩
责任编辑　潘俊成　于世连
出版发行　中国矿业大学出版社有限责任公司
(江苏省徐州市解放南路　邮编 221008)
营销热线　(0516)83885370　83884103
出版服务　(0516)83995789　83884920
网　　址　http://www.cumtp.com　**E-mail**:cumtpvip@cumtp.com
印　　刷　苏州市古得堡数码印刷有限公司
开　　本　787 mm×1092 mm　1/16　**印张** 7.5　**字数** 192 千字
版次印次　2023 年 6 月第 1 版　2023 年 6 月第 1 次印刷
定　　价　45.00 元
(图书出现印装质量问题，本社负责调换)

前 言

煤炭是我国的基础能源和重要原料。煤炭工业是关系国家经济命脉和能源安全的重要基础产业。在我国一次能源结构中，煤炭将长期是主体能源。“十四五”时期，我国经济结构进一步调整优化，能源技术革命加速演进，非化石能源替代步伐加快，生态环境约束不断强化，碳达峰和碳中和战略的实施，对煤炭行业而言有机遇也有挑战。煤炭行业必须转变观念，树立新发展理念，准确把握新发展阶段的新特征、新要求，加快向生产智能化、管理信息化、产业分工专业化、煤炭利用洁净化转变，加快建设以绿色低碳为特征的现代化经济体系，以促进煤炭工业高质量发展，为国民经济和社会的发展提供坚实可靠的能源保障。

2017年5月17日，原国家安全监管总局、原国家煤矿安监局、国家能源局、国家铁路局联合下发“关于印发《建筑物、水体、铁路及主要井巷煤柱留设与压煤开采规范》的通知”（安监总煤装〔2017〕66号），颁布了新修订的《建筑物、水体、铁路及主要井巷煤柱留设与压煤开采规范》（以下简称《规范》）。《规范》规定了煤矿区建筑物（构筑物）、水体、铁路和主要井巷保护煤柱或者安全煤（岩）柱的留设原则与设计方法，压煤开采原则与方法，开采沉陷对矿区生态环境影响评价原则与治理途径，沉陷区稳定性评价原则与治理途径，煤柱留设与压煤开采的管理方法等。煤矿矿区总体设计、矿井设计和矿井建设与生产等工作中涉及上述问题时，应当按照该规范执行；矿区内工农业建设与生产涉及压煤与开采影响问题时，均应当参照该规范执行。而解决《规范》所涉及问题的关键之一，是采用合适的开采沉陷预计方法。虽然概率积分法模型在我国有较广泛的应用，但在厚松散层下开采时，与实测值相比，概率积分法的预计结果在拐点向边界部分收敛过快，而在拐点内的工作面区域与实测值基本一致。因此，在淮南矿区厚松散层下开采时，需对概率积分法预计模型进行修正，构建相应的预计模型和参数体系，以提高预计精度，实现下沉边界与拐点间边界区域的预计结果和实测结果的差异不超过12%，并研发相应的数据处理分析及沉陷预计软件，解决研究成果的工程应用问题，为构建矿山采动沉陷灾害分析决策公共服务平台提供理论基础和软件基础。

全书共分为6章。第1章简要介绍了厚松散层下开采地表移动规律研究和开采沉陷研究的发展和现状;第2章主要介绍了淮南潘谢矿区的地质采矿条件和观测站概况;第3章主要分析了淮南潘谢矿区的地表移动变形特征、地表移动角量参数和地表移动盆地动态参数;第4章主要介绍了区域保护煤柱留设参数和开采沉陷预计基本参数的解算方法;第5章主要介绍了常规的概率积分法模型及优化概率积分模型,并依据优化模型参数与概率积分模型参数之间的关系,构建了优化模型参数的解算模型;第6章介绍了基于优化的概率积分模型开发的、适用于巨厚松散层和薄松散层下开采的开采沉陷地表移动变形预计软件,并利用工程实例对软件的正确性进行了验证。

本书由安徽理工大学余学祥教授、吕伟才教授,李静娴博士、方新建博士、池深深博士、杨旭博士和谭浩博士共同完成。全书由余学祥负责协调与统稿。

本书在编写过程中,吸纳了多年来的科研和教学成果,参阅了大量文献,引用了相关书刊中的资料和合作单位的科研成果,在此一并向有关作者和合作单位表示衷心的感谢!

本书得到安徽省科技重大专项"北斗十典型地质灾害协同监测与快速预警云平台研发及示范应用"(编号:202103a05020026)、安徽省重点研究与开发计划"矿山采动沉陷灾害空天地井协同监测分析决策公共服务平台建设"(编号:202104a07020014)、国家自然科学基金"基于GPS/BDS组合的开采沉陷高精度快速监测关键技术研究"(编号:41474026)、安徽省自然科学基金"抗差化加权整体最小二乘估计关键算法研究"(编号:2008085MD114)、淮南矿业(集团)有限责任公司"潘谢矿区巨厚松散层下开采沉陷边界参数研究"(编号:HNKY-JTJS(2017)-122)、淮南矿业(集团)有限责任公司"淮南矿区岩移规律及相关参数研究"(编号:HNKY-JTJS(2018)-178)等项目的支持,在此表示感谢!

由于时间所限,书中难免存在疏漏或不妥之处,恳请广大读者批评指正。

著　者

2022年10月6日

变量注释表

q'	下沉率
q	下沉系数
b	水平移动系数
θ	最大下沉角,(°)
l	超前影响距,m
w	超前影响角,(°)
$r_{走}$	走向主要影响半径,m
$r_{上}$	上山主要影响半径,m
$r_{下}$	下山主要影响半径,m
$\tan\beta_{走}$	走向主要影响角正切值
$\tan\beta_{上}$	上山主要影响角正切值
$\tan\beta_{下}$	下山主要影响角正切值
L_1	下山半盆地长度,m
L_2	上山半盆地长度,m
L_3	走向半盆地长度,m
$S_{左}$	开切眼附近拐点偏移距,m
$S_{右}$	停采线附近拐点偏移距,m
$S_{上}$	上山拐点偏移距,m
$S_{下}$	下山拐点偏移距,m
L	最大下沉速度滞后距,m
Φ	最大下沉速度滞后角,(°)
n_3	走向采动系数
n_1	倾向采动系数
θ_0	影响传播角,(°)
m	采厚,m
H	采深,m
h_s	松散层厚度,m
α	煤层倾角,(°)
D_1	工作面倾向长度,m
D_3	工作面走向长度,m
v_{max}	最大下沉速度

表(续)

c	推进速度
φ	松散层移动角,(°)
δ	走向基岩移动角,(°)
δ_Z	走向基岩综合移动角,(°)
β	下山基岩移动角,(°)
β_Z	下山基岩综合移动角,(°)
γ	上山基岩移动角,(°)
γ_Z	上山基岩综合移动角,(°)
φ_0	松散层边界角,(°)
δ_0	走向基岩边界角,(°)
δ_{0Z}	走向基岩综合边界角,(°)
β_0	下山基岩边界角,(°)
β_{0Z}	下山基岩综合边界角,(°)
γ_0	上山基岩边界角,(°)
γ_{0Z}	上山基岩综合边界角,(°)
q_a	修正下沉系数
$\tan\beta^1_{走}$	走向大主要影响角正切值
$\tan\beta^1_{倾}$	倾向大主要影响角正切值
$\tan\beta^2_{走}$	走向小主要影响角正切值
$\tan\beta^2_{倾}$	倾向小主要影响角正切值
ρ	比例系数

目　录

1 引言

1.1 研究背景

随着我国能源消费结构的不断改善，煤炭在能源消费中的比重不断下降。在我国2010—2019年的全国一次能源消费结构中，2019年煤炭消费量占能源消费总量的57.7%，比2018年降低1.5%，比2010年下降11.5%；石油占18.9%，天然气占8.1%，其他能源（如风电、核电、水电等）占比升至15.3%。由此可见，在我国，煤炭资源一直处于能源消费结构中的绝对主体位置。近年来，虽然国际石油、天然气价格持续走低，这非常有利于我国的能源消费结构调整，然而，对国外石油、天然气依赖程度的不断提高，使我们对国家能源战略安全时刻保持着清醒的认识：在未来30～50年内，煤炭能源始终是我国能源战略安全的根本保证。因此，煤炭产业的稳定发展既是经济发展的需要，也是我国中长期能源战略安全的保障。

煤炭资源开采在服务于国民经济建设的同时，也带来了一系列生态环境问题。一方面，煤炭的地下开采，使原本处于平衡状态的上覆岩土体的应力平衡被打破，从而产生各种形式的移动变形以重新建立新的平衡。在此过程中，地下岩土体的移动与破坏会蔓延到地表，造成地表塌陷与移动变形，从而波及地表附属建（构）筑物，引起地表建（构）筑物的损坏以及生态环境的破坏，进而影响人们的正常生活。因此，准确对煤炭开采引起的地表移动变形情况进行预测，对于控制地质灾害、指导煤矿安全生产具有重要意义。另一方面，我国建（构）筑物、铁路和水体下（简称"三下"）的压煤量较大，据不完全统计，我国煤矿"三下"压煤量达137.9亿t，其中建（构）筑物下压煤量约占"三下"压煤量的60%。随着地下煤炭的开采及我国社会经济的不断进步，"三下"压煤占比有逐渐增加的趋势。我国华北、华中及华东地区的煤炭资源大多埋藏在厚松散层下，为了高效地开采煤炭资源，并避免开采对地表各类建筑物和自然环境造成过大的影响，对厚松散层下开采引起的地表移动变形进行高精度预测是需要解决的关键问题之一。然而，目前的相关研究还不能很好地满足煤矿生产的需要。

松散层为第四系与新近系地层，主要成分是土质、砂、砾石、卵石层等，我国的华东、华北以及华中等地煤层多上覆厚松散层。目前，国内外对于薄松散层条件下的煤层开采造成的地表移动变形已经有丰富的研究成果，但对于厚（巨厚）松散层下开采地表移动变形规律的分析及预测仍不成熟，特别是如何实现厚（巨厚）松散层下开采地表沉陷的高精度预测这一问题亟待解决。地下煤炭资源采出后，上覆岩土体重新建立应力平衡的过程非常复杂。每个地层的岩土力学性质不同，其移动形式及抗压能力等也有很大区别。岩体与松散层土体硬度差距大，导致其在变形过程中的形态与规律表现出很大差别。岩体的硬度大，其在地层内部遭到破坏之前主要起到支撑作用，松散层在变形的同时会产生压缩等现象，导致厚松散层下开采地表移动变形规律与薄松散层条件下的开采相比呈现许多特殊性。目前，对于厚松散层下开采地表移动变形规律及其岩土体内部变形机理的研究已经比较丰富。研究人员发现，厚松散层下开采引起的地表移动变形规律的特殊性主要表现为：地表最大下沉值偏大，甚至大于煤层法向开采厚度；地表下沉盆地边界部分收敛缓慢，波及范围大；地表移动活跃期短，移动变形剧烈；等等。适用于薄松散层条件下开采沉陷预计的概率积分模型，在应用于厚(巨厚)松散层下的预测时，与实测数据相比，影响其预测精度的主要因素表现为：预计最大下沉值偏小、开采沉陷盆地边界部分收敛过快。预计最大下沉值偏小的问题可以通过调整模型参数解决，而边界收敛过快的问题目前仍未找到有效的解决方法。

综上所述，对厚(巨厚)松散层下开采引起的地表移动变形规律与高精度预测方法进行研究具有很重要的社会与经济意义。一方面，可以指导煤矿安全生产，缓解“三下”压煤量大与我国资源需求量不断增长的矛盾；另一方面，可以有效应对地下开采对矿区生态环境造成的伤害。

自 2000 年颁布《建筑物、水体、铁路及主要井巷煤柱留设与压煤开采规程》(简称《规程》)以来，我国经济社会取得了长足发展，特别是大量新的基础设施的建设，如高速铁路、特高压输变电线路、输油输气管线和高速公路等的出现，对“三下”煤柱留设设计与压煤开采设计提出了新的要求。与此同时，我国煤炭开采技术发展迅速，“三下”煤柱留设与压煤开采相关的采动理论和工程实践等也都研发了许多创新成果，并得到了大量实测数据。此外，新版《煤矿安全规程》对“三下”相关内容也进行了调整，这些问题的出现迫切要求国家对《规程》进行修订以适应经济社会发展、新技术发展和新版《煤矿安全规程》的要求。2017 年 5 月 17 日，原国家安全监管总局、原国家煤矿安监局、国家能源局、国家铁路局联合下发“关于印发《建筑物、水体、铁路及主要井巷煤柱留设与压煤开采规范》的通知”(安监总煤装〔2017〕66 号)，颁布了新修订的《建筑物、水体、铁路及主要井巷煤柱留设与压煤开采规范》(以下简称《规范》)。

新颁布的《规范》由原来的 9 章 135 条和 12 个附录调整为 10 章 135 条和 5 个附录，其主要修改之一是《规范》对压煤开采批准权限进行了更改。例如，将《规程》“第 101 条　煤柱留设、压煤开采设计、采动损害鉴定必须由国务院或省、自治区、直辖市政府煤炭行业管理部门审查批准具有资质的技术部门进行。在遇有分歧的情况下，上级资质单位可对下级资质单位的设计、鉴定组织有关专家作出修改、建议或提出最终评审意见”调整为《规范》的“第 108 条　煤柱留设与变更、压煤开采设计应当由煤矿企业组织专业技术人员或者委托专业机构完成，并由煤矿企业组织论证、审批。压煤开采设计涉及煤矿企业以外其他方受护对象安全问题时，应当由煤矿企业组织专业技术人员或者委托专业机构完成，并与受护对象产权单位协商一致后，报省级及以上煤炭行业管理部门”。同时，在实际工作中，《规程》中可采用的参数或计算方法，在《规范》中变为仅供参考使用。例如，《规程》中裂缝角可参照其附录五选取，在《规范》中则规定“裂缝角应当根据本矿区取得的参数选取”。这些变化虽然赋予了煤矿企业更多的权利，但煤矿企业需承担的责任也就更大。

《规范》主要内容包括煤矿区建筑物(构筑物)、水体、铁路和主要井巷保护煤柱或者安全煤(岩)柱的留设原则与设计方法，压煤开采原则与方法，开采沉陷对矿区生态环境影响评价原则与治理途径，沉陷区稳定性评价原则与治理途径，煤柱留设与压煤开采的管理办法等。《规范》规定，矿区总体设计、矿井设计和矿井建设与生产等工作中涉及上列问题时，应当按照本规范执行；矿区内工农业建设与生产涉及压煤与开采影响问题时，均应当参照本规范执行。而解决《规范》所涉及问题的关键之一，是获取本矿区的开采沉陷参数及保护煤柱留设参数，并选取高精度的、适于(巨)厚松散层下开采的地表移动变形预计方法。

淮南煤矿自1897年建矿，矿区主要为淮河冲积平原，部分地区为丘陵、岗地等；含煤地层被第三系和第四系松散冲积层覆盖，开采深度大，松散层厚度达140～485 m。松散层越厚、煤层埋藏越深，保护煤柱压煤量也就越大。仅对现已投产的潘一、潘二、潘三、谢桥和张集煤矿五对矿井进行统计，工业广场及风井原设计保护煤柱压煤量总计达48 880.3万t，占保有储量的10.09%。淮南矿区曾建立过大量的观测站，为分析总结厚松散层下开采的地表移动变形规律、获取区域开采沉陷参数及保护煤柱留设参数、研究适于(巨)厚松散层下开采的高精度地表移动变形预计方法提供了研究基础。因此，本书的研究主要结合淮南矿区展开，以为矿山安全开采及矿山地质环境治理提供技术支撑。

1.2 厚松散层下开采地表移动变形规律研究现状

根据中国矿区含煤地层赋存特征和对文献资料的综合分析，松散层可分为薄松散层、厚松散层和巨厚松散层，相应的定量界定为：厚度小于50 m的松散层可称为薄松散层；厚度超过50 m且小于100 m的松散层可称为厚松散层；厚度超过100 m的松散层可称为巨厚松散层。经过专家学者多年的探索，目前对沉陷的一般规律已经有了较为深刻的认识，但由于厚松散层的特殊性，其开采沉陷规律呈现一些特定的规律，近年来相关学者对此也进行了研究。

侯得峰等研究了厚松散层下开采地表动态移动规律，认为地表超前移动影响距和地表最大下沉速度及其滞后距随工作面开采距离的增加而增大，地表下沉速度曲线最终以固定形状与工作面保持一定距离向前移动。王永辉等研究了巨厚松散层沉陷过程中的岩土体移动变形规律，认为巨厚松散层同时具有基岩面荷载、固结沉降和缓解地表移动变形的三重作用，松散层的塑性变形是沉降量大的主要原因，移动变形规律的内因在于巨厚松散层的疏散性和饱水性。温建生等以柳湾矿61115工作面实测资料为基础，研究了厚松散层黄土丘陵地质条件下开采造成的地表沉陷的独特特性，研究结果表明：地表移动特征表现为下沉，多集中在活跃期且下沉速度较大，基岩移动角偏大而综合边界角偏小；下沉系数和水平移动系数偏大。郭龙辉等研究了厚松散层薄基岩开采下覆岩离层裂隙的演变和下沉规律，并对开采过程中覆岩裂隙网络和下沉的分形特征进行了研究。研究结果表明：覆岩裂隙的演变特征具有较好的自相似性和分形特征；随着工作面的推进，覆岩裂隙网络的分形维数呈开采前期和中期跳跃式剧增，后期缓慢平稳增加的趋势；开采全过程出现四处离层，其出现位置和大小均呈现一定的规律；在厚松散层荷载作用下，薄基岩层仍能形成稳定的强承载结构；采空区覆岩的沉降量与裂隙网络的分形维数呈现近似双折线的非线性关系。李青海等为揭示不同参数对地表下沉的影响规律，通过模拟分析发现：下沉系数呈现随着松散层厚度与基岩厚度比的增加而迅速增大并逐渐趋于稳定的趋势、随着煤层埋深与煤层厚度比的增大而线性降低的趋势、随着抗拉强度的增大而逐渐降低的趋势；当基岩厚度一定时，存在临界内聚力数值和临界内摩擦角数值，在小于临界值的范围内，提高内聚力或内摩擦角，下沉系数逐渐降低，当超过该临界值时，进一步提高内聚力或内摩擦角，下沉系数基本无变化。余学义等证实，地表下沉量与覆岩岩性呈正比关系，下沉速度与覆岩岩性呈反比关系。在厚松散层工程地质条件下，基岩离层被压密，岩体结构被破坏，从而造成地表下沉和下沉速度增大。当开采综合边界角为60°时，可减少地表移动范围，降低矿区地质灾害的发生概率。

目前针对地表移动变形规律的研究，主要采用实测回归分析、数值模拟、物理模拟等手段，研究地表移动变形机理、移动变形特征等，但仍存在以下问题需进一步研究：(1) 对地表移动变形规律的研究多基于个别或少数典型工作面，故其规律常不具有广泛的适应性；(2) 国内外专家学者对深井厚松散层地表移动变形规律开展了大量试验研究，获取了丰富的一手资料，但如何充分利用这些数据的方法研究尚不充分。

1.3 厚松散层下开采沉陷预计研究现状

目前适用于深井厚松散层开采条件下的地表移动变形预计模型主要有四类：一是基于地表变形实测数据的经验方法；二是基于影响函数法构建的地表移动变形预计模型；三是模拟的方法（如理论模型、相似材料模型和数值模拟）；四是其他方法，如机器学习法、时间序列法等。

认识开采沉陷规律最可靠的方法就是现场实测，所以基于实测数据的经验方法具有重要的意义，目前比较实用的经验曲线预计方法主要有典型曲线法以及剖面函数法等。原淮南矿务局与原煤炭科学研究总院合肥研究所采用概率积分法预计模型预计下沉盆地中间部分，利用双曲正切曲线预计下沉盆地边缘，整体预计精度高于概率积分法预计模型。原淮南矿务局又提出边缘修正系数的概念，预计效果得到进一步优化。左建平等通过分析厚松散层岩层移动机理，得出岩层符合“类双曲线”特征的结论，构建了基于类双曲线模型的岩层移动预计模型，结果表明，此模型可以较好地描述地表沉陷的范围。Sasaoka（萨萨奥卡）等采用实测资料分析的方法探讨了印尼软弱地质条件下的地表演变规律，并在此基础上构建了地表变形预测方法。徐祝贺等在分析西部厚松散层矿区地表移动变形特征的基础上，充分考虑基岩破断特征，基于类双曲线模型建立了预计模型。

开采沉陷领域中最为常用的影响函数包括概率积分法函数、广义影响函数、n-k-g 影响函数等。针对厚松散层矿区，主要有概率积分法改进模型和 Boltzmann（玻尔兹曼）函数模型等。王正帅等提出了一种改进概率积分法预计模型，该模型的主要思想为：按照一定的比例组合两个具有不同主要影响角正切值的下沉盆地，进而构建一种边缘修正的组合模型，并以朱庄矿628工作面为例验证了模型的可靠性。王宁等考虑了松散层厚度的影响，将松散层影响系数引入概率积分法模型，从而达到改进的目的，结果表明：改进模型的拟合精度高于概率积分法模型。贺平等提出了一种将双曲函数作为单元开采影响函数的方法，并推导了任意点的地表预计公式，在车集煤矿2210工作面取得了较好的预计结果。张翠英等提出了一种采用动态函数修正主要影响半径 r 的改进概率积分法预计模型，并耦合 MapX 和 VB 编制了相应的处理软件。韩奎峰等结合淮南矿区老区与新区的概率积分法参数的特点，提出了一种新的概率积分法预计模型。该模型在边界处取得了较高的预计精度，但在盆地中央的精度不高。王宁等通过类比的方法，选择收敛性较好的 Boltzmann 函数作为预计函数，建立了厚松散层矿区开采沉陷预计模型，并在淮南矿区得到了较好的应用。余华中等将地层简化为基岩和松散层并分别建模，构建了一种组合方法，其主要思想为：基岩仍采用概率积分法预计，假定基岩下沉导致的下沉盆地为一个变采厚的岩层，从而进一步采用概率积分法进行预计。Jiang(蒋)等提出了一种基于柯西分布函数的厚松散层开采地表预计模型，并给出了其参数体系以及求参方法。

模拟预计的方法主要包含力学模型法、数值模拟等。项正道以弹性理论为基础建立基岩下沉计算模型，采用基岩下沉量作为开采厚度对松散层下沉进行了预计，同时考虑了含水松散层失水对沉降产生的影响。徐平等构建了一种适用于充填开采条件的Winkler(文克勒)梁力学模型，并分析了充填材料的压缩特性与裂隙发育程度之间的对应关系。李培现构建了一种双介质组合模型，其思路主要是在松散层部分采用三维的概率积分模型，基岩部分采用基于弹性薄板的沉降模型。Hou(侯)等基于岩石流变理论和概率积分法模型，构建了一种叠加模型，该模型由两部分组成。Zhou(周)等通过分析厚松散层开采条件下地表变形的影响因素，得出地表移动主要受几部分影响：松散层与基岩的伴随下沉、浅层土体的压实下沉、深层土体的失水固结下沉，并构建了组合预计模型。袁勋等以龙固矿某工作面为地质背景，基于地表沉陷机理，把地层分为上中下三个部分，进一步构建了离散介质、弹性薄板、松散层介质的耦合模型。Li(李)等采用正交分析法分析了采动过程中影响地表下沉的主控岩土力学参数，进一步构建了一种基于岩土力学参数变化的数值模拟地表动态预计方法。除上述方法外，还包括其他方法，如机器学习法、时间序列法等。

已有的地表移动变形预计模型主要有以下不足：(1) 多数地表移动变形预计模型中，参数较多、参数意义不明确、参数选取困难，普适性不强，且在边界处的精度未达到相应要求；(2) 传统的动态预计模型多通过在预计模型的基础上乘以影响函数的形式来达到动态预计的目的，这种方法并没有考虑预计参数随地表动态变化的特性，所以在多数情况下会过高预计地表变形值。

2 潘谢矿区地质采矿条件

本章收集、整理并分析了淮南矿区现有观测站的实测资料，包括地质采矿资料、测量成果资料、移动变形成果资料、地表移动变形基本参数等。同时，将收集到的观测站资料划分为潘集矿区（含潘一矿、潘二矿、潘三矿、潘四矿和朱集东矿等）和谢桥矿区（含顾桥矿、顾北矿、谢桥矿、丁集矿、张集矿、李嘴孜矿、新庄孜矿、谢一矿等）两个区域。通过对各观测站的资料进行整理，获取了各观测站的开采沉陷基本参数，为分析总结厚松散层下开采的地表移动变形规律、获取区域开采沉陷参数及保护煤柱留设参数、研究适于（巨）厚松散层下开采的高精度地表移动变形预计方法提供了基础数据。

2.1 淮南矿区概况

淮南煤矿 1897 年建矿，历史上曾是全国五大煤矿之一，素有“华东煤都”和“动力之乡”的美誉。淮南矿业（集团）有限责任公司于 1998 年由原淮南矿务局改制而成，是中国企业 500 强和安徽省 13 家重点企业之一，国家首批循环经济试点企业、中华环境友好型煤炭企业、国家级创新型试点企业，安徽省煤炭产量规模、电力规模、房地产规模、港口集装箱吞吐规模较大的综合型企业集团，淮南矿区也是全国 14 个亿吨级煤炭基地和 6 个大型煤电基地之一。目前，淮南矿业（集团）有限责任公司已形成煤炭、电力、房地产、物流、金融、技术服务等多产业协同发展的新格局。

淮南煤田位于北纬 27°40′分界线以北的安徽省淮北平原南部、淮河中游两岸。其地理位置为东经 115°50′～117°45′，北纬 32°25′～33°10′。东起郯庐断裂，西至阜阳，北抵明龙山、上窑一带，南止舜耕山、八公山，跨凤台、颍上、利辛、阜阳、淮南等县市。煤田东西长约 180 km，南北宽 15～25 km，总面积约 3 600 km^2。淮南矿区除部分地区为丘陵、岗地外，其余均属冲积平原，地表标高一般为＋20～＋30 m。淮南矿区由淮河南岸的老区和淮河北岸的潘谢新区组成（图 2-1）。

老区各矿分布在淮南复向斜构造的南翼、八公山区向南凸出的淮南弧形构造带内，断裂构造较多，煤层倾角一般大于 20°，开采条件相对较差。潘谢新区为一复向斜构造，主体构造形迹呈北西西向展布。复向斜构造内部为一系列次一级宽缓的背向斜。其中，陈桥背斜、潘集背斜为复向斜内部隆起幅度较大的背斜构造，背斜北翼倾角较大，一般为 25°左右，构造较复杂；南翼倾角较小，一般为 5°～15°，构造较简单。潘谢矿区现有生产矿井中，潘一矿、潘三矿位于潘集背斜南翼，潘二矿、潘四矿、朱集东矿位于北翼，谢桥矿、张集矿、顾桥矿、顾北矿位于陈桥背斜南翼。煤层倾角平缓（一般小于 15°），构造较简单，开采条件较好。含煤地层为石炭二叠系，其中山西组、下石盒子组和上石盒子组（下段）为主要含煤地层（厚约 800 m），一般含煤 40 层，可采煤层 9～18 层，可采总厚度为 25～33 m，可采总厚度平均为

30 m。13-1、11-2、8、6、4、1 等主要可采煤层比较稳定，单层厚度一般为 2～6 m，煤层顶板一般为泥岩、砂质泥岩，部分为砂岩，有些煤层为复合顶板。煤层底板多为泥岩，少部分为砂质泥岩，强度与稳定性均为中等。

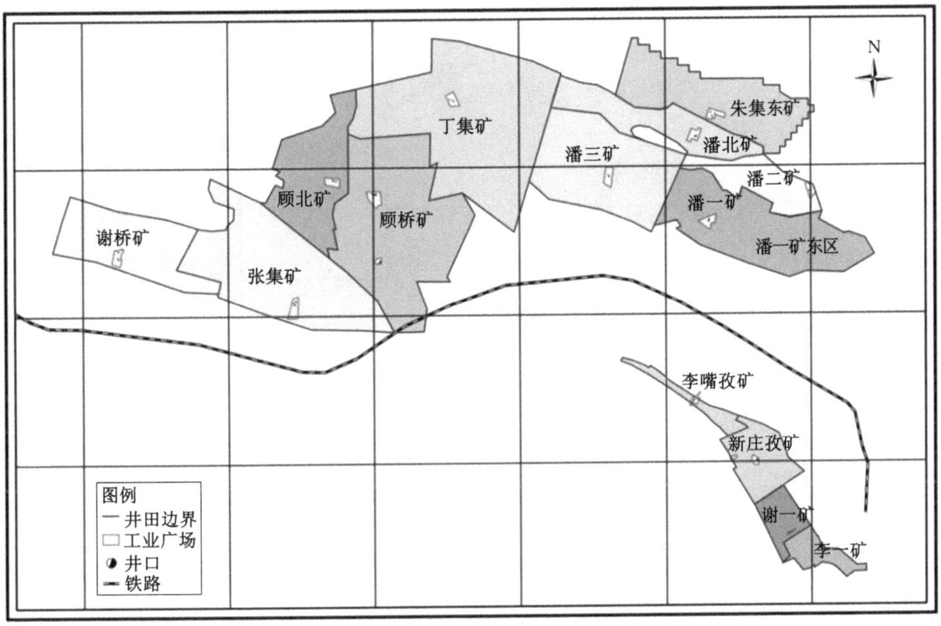

图 2-1　淮南矿区矿井分布图

老区采煤方法以普采、炮采为主；潘谢新区主要以长壁综采和综放开采为主。顶板管理方法均采用全部垮落法。含煤地层被第三系和第四系松散冲积层覆盖，采深大(图 2-2)，松散层厚度大，达 140～485 m(图 2-3)，厚度由东向西、由南向北逐渐增厚，除个别古地形隆起处外，一般厚度为 200～369 m。

为分析总结淮南潘谢矿区厚松散层下开采的地表移动变形规律、获取区域开采沉陷参数及保护煤柱留设参数、研究适于(巨)厚松散层下开采的高精度地表移动变形预计方法，收集了潘谢矿区基础资料(共 9 种)、谢桥矿区观测站资料(共 21 个观测站)和潘集矿区观测站资料(共 13 个观测站)三类资料。

对于观测资料，一般包括设站工作面地质采矿条件、观测站设站及观测概况、实测移动变形曲线、工作面动态参数(包括下沉系数、水平移动系数、最大下沉角、起动距、超前影响角、超前影响距、边界角、移动角、主要影响半径、主要影响角正切值、拐点偏移距、最大下沉速度、最大下沉速度滞后距和最大下沉速度滞后角、采动系数、影响传播角等)以及根据实测数据解算的概率积分模型预计参数等。鉴于观测站数量较多，为减少篇幅，本书仅对潘集矿区和谢桥矿区中的部分观测站进行介绍，其他观测站资料可参阅文献《淮南矿区岩移规律及相关参数研究》附录。

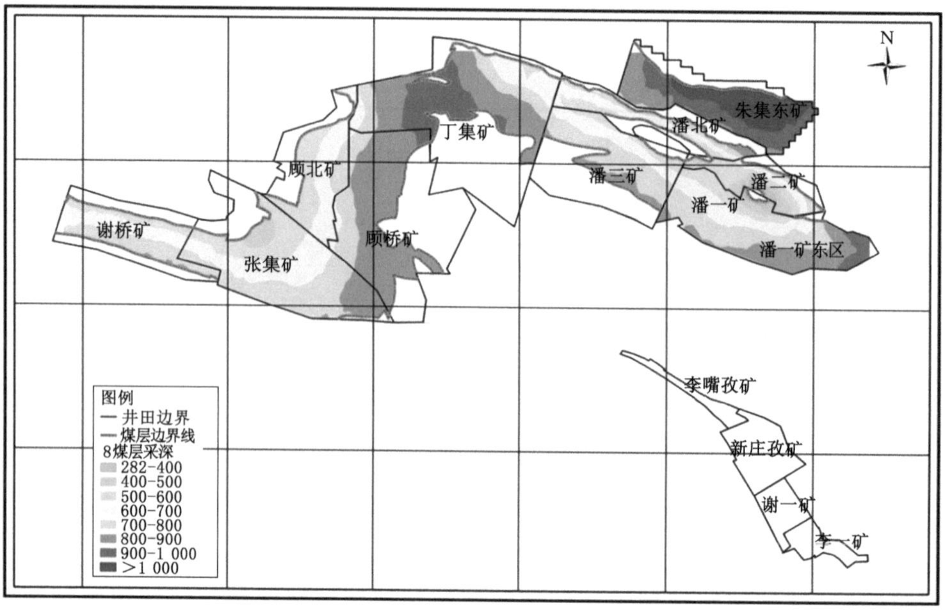

图 2-2　淮南矿区采深示意图(以 8 煤层为例)

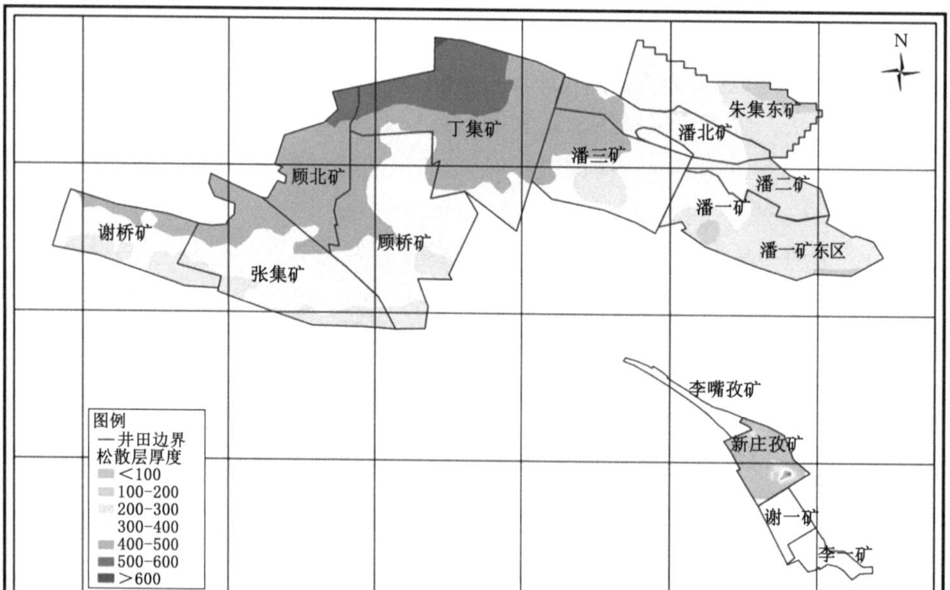

图 2-3　淮南矿区松散层厚度示意图

2.2　潘一矿东区 1252(1)首采工作面观测站

对于潘集矿区(包括潘一矿、潘二矿、潘三矿、潘四矿和朱集东矿等)，收集了潘一矿东区1252(1)首采工作面、1242(1)工作面等 13 个观测站(包括 1 个重采观测站)的地质采矿条件及观测站相关实测资料，为节省篇幅，这里仅给出潘一矿东区 1252(1)首采工作面观测站的相关资料，其他观测站资料请参阅文献《淮南矿区岩移规律及相关参数研究》附录。

2.2.1　潘一矿东区自然地理条件

潘一矿东区位于安徽省淮南市西北部潘集区夹沟镇境内，东南距淮南市中心洞山约 17 km。北与潘二矿相连，西以第Ⅲ勘探线作为潘一矿中央区与东区的采区边界，东、南至13-1 煤层－800 m 等高线地面投影线，井田东西平均走向长约 4.7 km，南北倾斜宽平均约为 3.5 km，面积约为 16.4 km^2。

该矿井铁路专用线接轨于潘二矿铁路专用线。井田开采范围内公路四通八达：西边有古沟村至潘二矿的公路，北有店集村至转塘村的乡镇公路，东有转塘村至龚集村的乡镇公路，南有淮南-潘集公路。东南约 15 km 处可接淮河水运。

井田所在地属季风暖温带半湿润气候，四季分明，冬冷夏热。该地区每年春、夏季多东南风及东风，秋季多东南风及东北风，冬季多东北风及西北风；平均风速为 3.18 m/s，最大风速为 20 m/s；年均气温为 15.0 ℃，极端最高气温为 41.2 ℃，极端最低气温为－22.8 ℃。该地区年均降雨量为 926.3 mm，最大降雨量为 1 723.5 mm，雨期多集中在 6、7、8 月份，约占全年降雨量的 40%；最长连续降雨天数为 12 天，最长连续无雨天数为 68 天；年平均蒸发量为 1 610.14 mm(水面)，最大蒸发量为 2 008.1 mm(1958 年)，最小为 1 261.2 mm(1980 年)；蒸发量大于降雨量，潮湿系数近似为 0.5；相对湿度最大为 78%，最小为 10.14%，平均为 74%。该地区初雪一般在 11 月上旬，终雪在次年 3 月中旬，雪期一般为 72～127 天，最长为 138 天，最短为 26 天，最长连续降雪天数为 6 天，日最大降雪量为 16 cm；冻结及解冻无固定规律，一般为夜冻日解，冻结深度为 4～12 cm，最大冻结深度为 30 cm。

2.2.2　潘一矿东区地质采矿条件概况

潘一矿东区全井田采用两个水平开采。一水平标高为－848 m，二水平标高为－1 042 m。

(1) 地层

潘一矿东区井田为全隐蔽含煤区，钻探所及地层由老到新依次为奥陶系、石炭系、二叠系和新生界。

(2) 构造

本井田位于淮南煤田潘集背斜的东南部，含煤地层总体构造形态为一轴向北西西的不对称背斜(东部倾伏)；地层倾向由南翼的倾向南渐变为北翼的倾向北东，倾角极缓，一般为 6°～8°。

资源勘查、补充勘探和地震勘探资料表明，本井田次生褶曲不发育，共发现断层 5 条，其中正断层 2 条，逆断层 3 条；若按断层的最大落差大小来分类，则有 1 条大于或等于 50 m 而小于 100 m,3 条大于或等于 20 m 而小于 50 m,1 条小于 20 m;断层走向大致可分为近 EW 向与 NW 向两组。本井田尚未发现岩浆岩侵蚀和陷落柱分布。总体来看,井田构造复杂程度较为简单。

(3) 煤系与煤层

本井田含煤地层为石炭系、二叠系,其中二叠系的山西组与上、下石盒子组为主要含煤层段,共含煤 27～42 层,煤层平均总厚度为 39.07 m;共含可采煤层 10 层,平均总厚度为 26.67 m,其中 13-1、11-2、8、7-1、4-1、3 和 1 煤层为主要可采煤层,平均总厚度为 23.72 m,约占可采煤层总厚度的 88.9%;6-1、5-1 和 4-2 煤层为次要可采煤层,平均总厚度为 2.95 m,约占可采煤层总厚度的 11.1%;可采煤层以结构简单、全区可采的稳定煤层为主。

(4) 煤质

本井田的 13-1～1 煤层均属半暗、半亮型煤,以黑色为主,具有沥青～弱玻璃光泽,内生裂隙较发育,断口为参差状和贝壳状;内、外生裂隙中局部被黄铁矿或方解石脉充填,局部可采煤层多属半暗型和暗淡型煤。本井田可采煤层的煤质比较稳定,主要为中灰、特低硫、特低～低磷、中高发热量、高～难熔灰分、高油和具中强黏结性的 1/3 焦煤与气煤,尚有极少量的贫瘦煤、无烟煤和天然焦。

(5) 主要充水因素

① 地表水系

潘一矿东区地处淮河冲积平原,地形平坦,地面标高为＋18.10～＋22.90 m,一般为＋22.00 m,总体趋势为西北高、东南低。

淮河为该区附近的主要河流,淮南段水位标高一般为＋15.00 m,历史最高洪水位标高为＋25.63 m(1954 年 7 月 29 日),淮河大堤堤顶标高为＋27.07 m。流经潘一矿东区西南隅的泥河,自西北向东南经青年闸入淮,其两岸地势低洼,雨季易形成内涝。新生界厚度大,泥河对矿井充水无直接影响,仅与新生界上部含水层有一定的水力联系。

② 新生界含水层

井田基岩被厚度为 120～450 m 的西厚东薄的新生界松散层所覆盖。根据松散沉积物的组合特征及其含水、隔水性能的不同,可将新生界自上而下大致分为上含、上隔、中含、中隔和下含共 3 个含水组和 2 个隔水组。其中上含的下段富水性强,水源充沛;上隔厚度变化较大,使得上含与中含有一定的水力联系;中含的中、下段富水性弱,上段在西部较强;中隔平均厚度为 35.80 m,主要由浅灰绿色黏土及砂质黏土组成,分布较稳定,结构较致密,抽水试验未发现中、下含之间有水力联系,但近期的长期观测资料却显示二者存在水力联系;下含由棕黄色或黄褐色砂砾、砂和灰绿～灰褐色黏土组成,厚度为 0～87.79 m,平均厚度为 62.88 m,总体变化趋势为西北厚、东南薄,富水性较强。

③ 基岩含水层

二叠纪煤系砂岩裂隙含水组:该井田二叠纪煤系砂岩裂隙含水组位于煤层之间,岩性、厚度变化较大,一般裂隙不甚发育,富水性较弱,以脉状裂隙水为特征。

石炭系太灰岩溶裂隙含水组:该井田石炭系太灰岩溶裂隙含水组总厚 140 m,主要由自上而下编号的 13 层灰岩与其间的泥岩、粉砂岩和薄煤层组成,岩石比较致密,背斜轴部和断层附近裂隙比较发育,富水性中等,但抽水水量有减小趋势,恢复水位较慢。该含水组上距 1 煤层较近,距离为 12.60～20.19 m,且水压较高。如果直接开采 1、3 煤层,很可能引发重大突水事故。

奥陶系灰岩岩溶裂隙含水组：该井田奥陶系灰岩岩溶裂隙含水组揭露厚度为 113.00～152.67 m，其中上部为浅灰、褐灰色白云岩，局部裂隙中充填灰黑、绿灰色泥岩；中部为浅灰、灰色含云质灰岩与褐灰色豹皮状含云质灰岩及白云质灰岩互层，局部裂隙中充填灰黑色泥岩；下部为灰色厚层豹皮状含云质灰岩。该组岩石较致密，受构造影响，部分层段岩石破碎，见有直径为 10 mm 的小溶洞。

由于井田内的较大断层均具压性和压扭性，断层带多为泥质充填，加之断层两侧地层富水性弱，因此，断层含水性较弱，导水性较差。但是，若不同层位的含水层受断层切割而对口，且断层带未被泥质充填，或受采动影响而致断层活化，破坏了地下水的水力均衡，断层带很可能成为地下水突溃的主要途径。

综上所述，该井田新生界下含孔隙水、二叠纪煤系砂岩裂隙水和灰岩岩溶裂隙水，对井下开采影响较大。但是，由于井田内可采煤层埋藏较深，上距新生界下含超过 300 m，因而，该井田开采的主要充水因素仅为煤系砂岩裂隙水和太灰岩溶裂隙水。

2.2.3 1252(1)首采工作面观测站

2.2.3.1 1252(1)首采工作面地质采矿条件

(1) 开采技术条件

1252(1)工作面为－848 m 水平面一采区西翼 11-2 煤层首个回采工作面。其地面标高为 21.8～22.3 m，工作面标高为－747.7～－802.7 m。该工作面于 2012 年 2 月 28 日开始回采，到 2013 年 2 月全部收作，回采时间为 365 天。收作位置：轨道顺槽 1 144 m，运输顺槽 1 154 m，平均回采速度为 3.14 m/天。工作面地质构造简单，其产状为 160°～195°∠5°～11°。回采前，根据工作面顺槽及顶底板巷道实测断层上推下延，预计工作面共发育断层 14 条，其中上、下顺槽实测断层有 4 条，顶底板巷道实测断层有 9 条。工作面实际回采长度为 1 148 m，宽度为 262 m；煤层厚度为 0～8.4 m，平均采高为 2.7 m；煤层倾角为 3～7°，平均为 6°，为近水平煤层；采深为 772～822 m，平均为 802 m；松散层厚度为 150～190 m，平均为 165 m。

(2) 顶底板岩性

1252(1)工作面煤层直接顶板为砂质泥岩，厚度为 0～8.4 m，平均厚度为 2.5 m，主要在Ⅰ西勘探线以西至开切眼段及 11-2 煤层工业广场保护煤柱线附近发育；基本顶为中细砂岩，厚度为 0～11.0 m，平均厚度为 4.0 m，在工作面Ⅰ西勘探线以东至 11-2 煤层工业广场保护煤柱线以西为基本顶直覆区；直接底板为砂质泥岩夹一条厚约 0.3 m 的不稳定炭质泥岩，厚度为 3.5～14.4 m，平均厚度为 10.8 m；基本底为细砂岩，厚度为 11.8～27.4 m，平均厚度为 15.9 m。经回采调查验证，基本顶直覆区范围与回采前基本吻合，无较大变化。

(3) 水文地质条件

顶板砂岩裂隙水为该工作面的主要充水因素，但 11-2 煤层顶板砂岩裂隙不发育，连通性及富水性差，工作面掘进过程中未出现顶板淋水现象。工作面内构造地质条件简单，断层落差较小，巷道揭露过程中未出现淋涌水现象。第四系砂层孔隙含水层直接覆盖于含煤地层之上，可能通过构造露头和砂岩裂隙补给砂岩裂隙含水层。该工作面基岩面标高为－130～－170 m，1252(1)工作面标高为－744.5～－802.9 m，两者之间的最近距离超过

600 m，距离较远，因此第四系砂层孔隙含水层对该工作面不会产生直接影响。

2.2.3.2 1252(1)首采工作面观测站概况

1252(1)工作面地表移动观测站设置为1条走向观测线、1条倾向观测线和两条辅助观测线。走向观测线主体设置在下山方向偏离工作面中心线的距离 $D_0=44.5$ m 处，倾向观测线主体布置在离开切眼约430 m、距停采线约730 m处。为监测1252(1)工作面回采对大地村的可能影响，在大地村东北侧的南北方向位置布设了长约220 m、点间距为20 m的监测线(西倾向监测线)。为监测1252(1)工作面回采对老庙村的可能影响，在老庙村委会门口的南北方向道路边，布设了长约200 m、点间距为20 m的监测线(东倾向监测线)。观测线控制点与监测点个数见表2-1，1252(1)工作面观测站实际布设点位见图2-4。

表2-1 观测站情况统计表

观测线名称	监测线长度/m	控制点/个	监测点/个
走向观测线	3 220	6	105
倾向观测线	2 210	6	80
村庄东观测线	180		9
村庄西观测线	440	3	11
合计	6 050	15	205

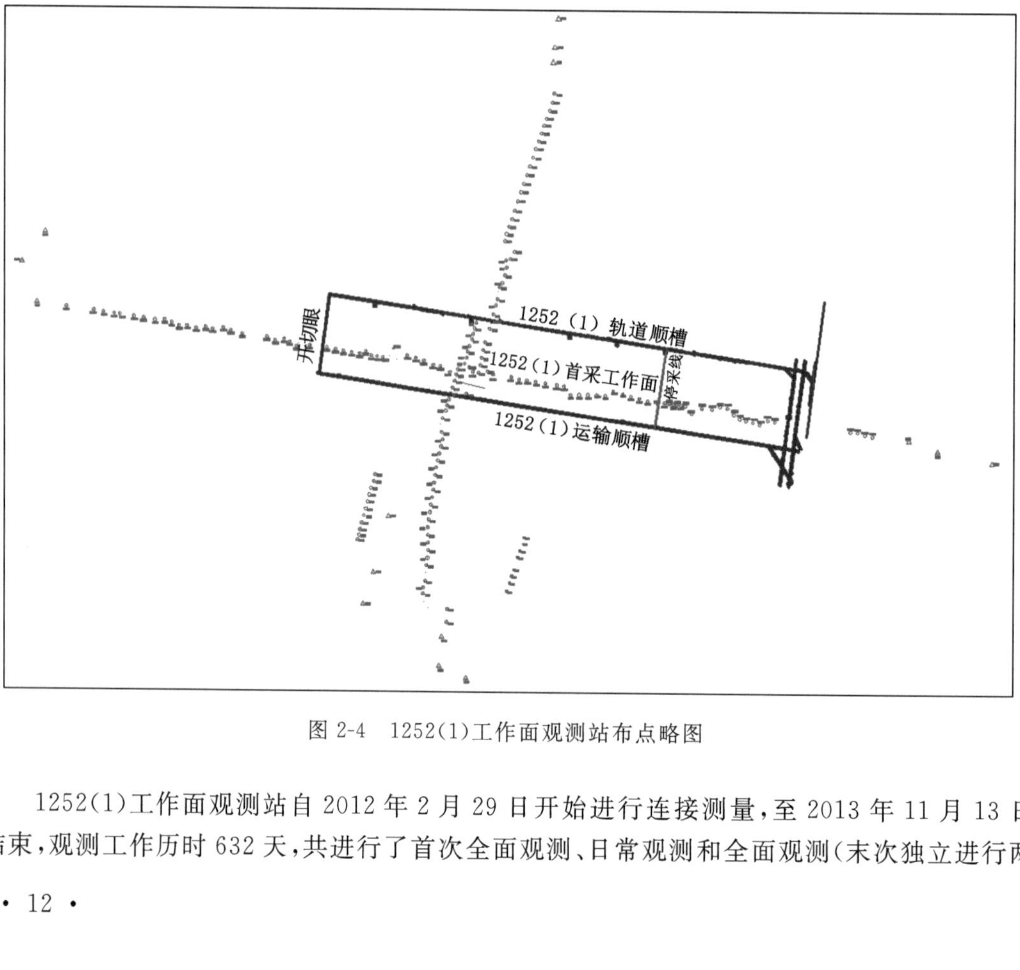

图2-4 1252(1)工作面观测站布点略图

1252(1)工作面观测站自2012年2月29日开始进行连接测量，至2013年11月13日结束，观测工作历时632天，共进行了首次全面观测、日常观测和全面观测(末次独立进行两次)等阶段的工作任务27次。其中,采动过程中的全面观测的平面位置测量采用GNSS CORS(卫星导航定位基准站)系统技术进行,高程测量采用四等(平差精度可达三等)几何水准的方法进行。

2.2.3.3 移动变形曲线

根据每次计算的移动变形值,可以绘制移动变形曲线。通过这种曲线,能够清楚地看出沿观测线的地表移动和变形的分布特征及其发展过程。利用实测数据绘制的1252(1)工作面观测站移动变形曲线如图2-5所示。

根据移动变形曲线并结合地质采矿条件分析,该工作面地表移动延续时间为534天,其中地表移动开始阶段约为18天,活跃阶段为180天,衰退阶段为336天。活跃阶段的下沉量占总下沉量的82.2%。

2.2.3.4 工作面动态参数

地表移动变形规律由观测站基本参数、采动过程中的地表移动变形规律、地表稳定后的特征等方面共同构成。根据《煤矿测量规程》,观测站的参数包括下沉系数、水平移动系数、最大下沉角、起动距、超前影响角、超前影响距、边界角、移动角、主要影响半径、主要影响角正切值、拐点偏移距、最大下沉速度、最大下沉速度滞后距和最大下沉速度滞后角等,根据这些参数,对开采引起的地表移动变形规律能够有一个较好的掌握。为便于后期应用,将相关参数的定义介绍如下。

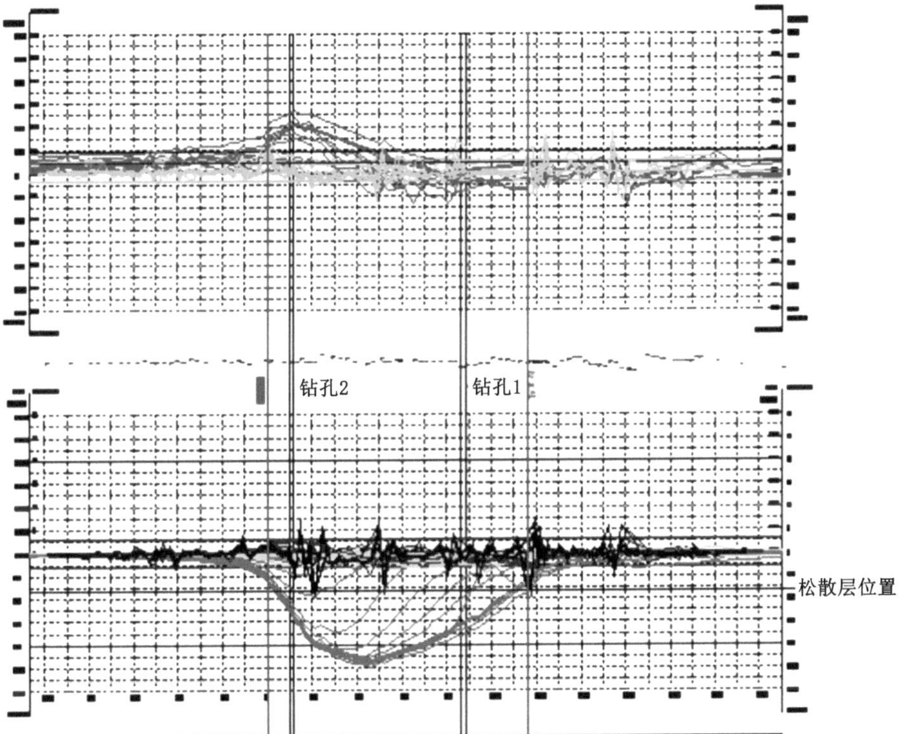

(a) 走向实测移动变形曲线

图2-5 1251(1)工作面观测站移动变形曲线

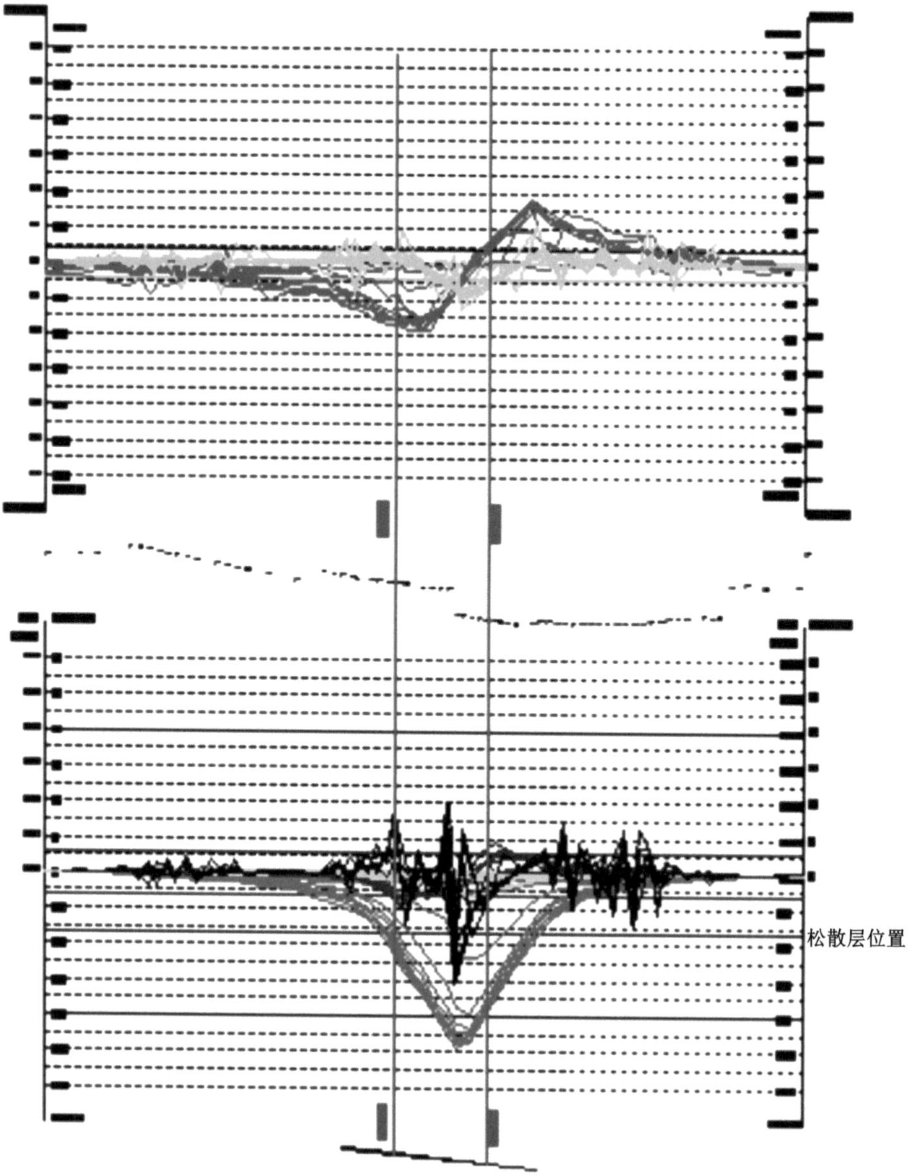

(b) 倾向实测移动变形曲线

图 2-5(续)

(1) 开采充分性评价指标

在“淮南矿区三下深部煤层岩层与地表移动规律研究”报告中,给出了开采充分性评价指标。开采的充分性涉及诸多因素,如工作面(采区)的几何尺寸、开采深度、覆岩性质、开采方法,其中最主要的影响因素是工作面(采区)的几何尺寸。

开采深度、上覆岩层的岩性与开采的充分性密切相关。宽深比往往被用作评价开采活动充分度的数值,即开采充分性指标。上覆岩层综合岩性有两方面的意义:一是体现岩层本身的软硬程度,二是能用于研究厚松散层的存在对上覆岩层总体软硬性的影响。通常采用两项指标分别衡量该工作面的开采程度。

① 基岩开采的充分性指标：

$$k_{Lj} = L/h_j \tag{2.2.1}$$

式中，L 为开采宽度，h_j 为基岩厚度。

② 顾及松散层开采的充分性指标：

$$k_L = L/(h_j + k_s h_s) \tag{2.2.2}$$

对于淮南矿区，有

$$k_s = 0.28 h_s / H_0 \tag{2.2.3}$$

h_s/H_0 为松散层厚度在煤层平均采深中所占的比例，定义其为松散层贡献率。松散层和岩层作为两种不同的介质，对开采沉陷有着不同的传递特性。基岩开采的充分与否，对整体开采的充分性有着重要的影响。对于中硬岩层：当 $k_{Lj}<1.2$ 时，基岩为非充分开采，随着松散层贡献率的增大，k_L 较 k_{Lj} 减小，开采充分度降低；当 $k_{Lj} \geqslant 1.2$ 时，基岩为充分开采，随着松散层贡献率的增大，k_L 逐渐减小，开采充分度由充分开采逐渐变为非充分开采。可见，当松散层贡献率较大时，松散层中存在一定的层状结构效应。

(2) 采动系数

采动系数是指采空区沿工作面倾斜方向或走向方向的实际长度与地表达到充分采动时同一方向上的最小长度之比。其中，倾斜方向采动系数记为 n_1，走向方向采动系数记为 n_3。地表充分采动时工作面倾斜方向与走向方向的最小长度一般可用工作面的平均深度 H_0 表示。因此，采动系数的计算公式可表示为：

$$n_1 = K_1 \frac{D_1}{H_0}, \quad n_3 = K_3 \frac{D_3}{H_0} \tag{2.2.4}$$

式中，K_1、K_3 为小于 1 的系数，具体数值可根据本矿实测资料求得（一般取 $K_1 = K_3 = 0.7$）；D_1、D_3 为采空区沿倾向与走向的实际长度。当 n_1 与 n_3 等于或大于 1 时，地表为充分采动，否则地表为非充分采动。

(3) 起动距

通常把地表开始移动时工作面的推进距离称为起动距，地表开始下沉是以地表观测点的下沉值达 10 mm 为标准的。

(4) 下沉率 q'

下沉率 q' 与下沉系数 q 不同。下沉系数 q 是指在充分采动或接近充分采动的情况下，开采水平煤层时的地表最大下沉值 w_0 与采厚 m 之比，可按下式计算：

$$q = w_0/(m \times \cos\alpha) \tag{2.2.5}$$

式中，α 为煤层倾角。

对于非充分采动条下煤层倾角小于 50°的煤层，下沉系数 q 的计算公式为：

$$q = w_{0m}/(m \times \sqrt{n_1 n_3} \cos\alpha) \tag{2.2.6}$$

式中，w_{0m} 为非充分采动条件下的最大下沉值，n_1、n_3 为沿煤层倾斜和走向的采动系数，当 n_1、n_3 大于 1 时，取 1（即认为充分采动）。

下沉率 q' 是指在回采过程中，地表点的下沉量与采厚之比，这是一个变化量。随着工作面的推进，该值逐渐增加，直到达到该地质采矿条件下的最大值，即下沉系数 q。

(5) 最大下沉速度滞后距和最大下沉速度滞后角

随着工作面的推进，地表最大下沉速度点和回采工作面的相对位置基本不变，最大下沉速度点也规律地向前移动。当地表达到充分采动后，在地表下沉速度曲线上，最大下沉速度总是滞后于回采工作面一个固定距离，此固定距离称为最大下沉速度滞后距，用 L 表示。这种现象称为最大下沉速度滞后现象。将地表最大下沉速度点与相应的回采工作面连线，此连线和煤层(水平线)在采空区一侧的夹角，称为最大下沉速度滞后角，用 Φ 表示，其计算公式为：

$$\Phi = \operatorname{arccot}(L/H_0) \tag{2.2.7}$$

式中，H_0 为平均采深。

影响最大下沉速度滞后角的因素很多，主要包括岩性、采深和工作面推进速度。已有资料表明，在岩性和工作面推进速度变化较小时，通常是采深愈大，最大下沉速度滞后角愈大；采深愈小，最大下沉速度滞后角愈小。地表出现最大下沉速度的地点是该时刻地表移动最剧烈的地点。掌握最大下沉速度滞后角的变化规律，可以在工作面推进过程中随时确定地表移动剧烈的地区。

(6) 超前影响角和超前影响距

将工作面前方地表开始移动(即下沉 10 mm)的点与当时的工作面连线，此连线与水平线在煤柱一侧的夹角称为超前影响角，用 w 表示；地表开始移动点到工作面的水平距离 l 称为超前影响距。超前影响角可按下式计算：

$$w = \operatorname{arccot}(l/H_0) \tag{2.2.8}$$

式中，H_0 为平均采深。确定超前影响角时，一般要求工作面到开切眼的距离不小于 $0.4H_0$。

(7) 水平移动系数

水平移动系数 b 是指在走向方向充分采动或接近充分采动(不管倾斜方向是否为充分开采)的情况下，开采水平煤层时走向主断面上的地表最大水平移动值 u_0 与地表最大下沉值 w_0 之比，可按下式计算：

$$b = u_0/w_0 \tag{2.2.9}$$

(8) 主要影响半径

主要影响半径 r 是指在充分采动或接近充分采动的条件下，移动盆地的最大下沉值 w_0 与最大倾斜值 i_0 之比，可按下式计算：

$$r = w_0/i_0 \tag{2.2.10}$$

掌握主要影响半径后，即可了解主要的地表移动和变形值的发生区域。

(9) 主要影响角正切值

主要影响角正切值指开采工作面的平均采深 H_0 与主要影响半径 r 之比，可按下式计算：

$$\tan\beta = H_0/r \tag{2.2.11}$$

式中，β 称为主要影响角。$\tan\beta$ 不像 r 那样随采深 H 的变化而改变，便于不同观测站实测参数的比较，因此一般都使用 $\tan\beta$ 作为概率积分法的参数之一。

(10) 边界角

在充分采动或接近充分采动的条件下，地表移动盆地主断面上盆地边界点(下沉值达 10 mm 的点)至采空区边界的连线与水平线在煤柱一侧的夹角称为边界角。走向边界角以

δ_0 表示；下山边界角以 β_0 表示；上山边界角以 γ_0 表示。

（11）移动角

在充分采动或接近充分采动的条件下，地表移动盆地主断面上三个临界变形值（倾斜变形 $i=3$ mm/m，曲率变形 $K=0.2$ mm/m^2，水平变形 $\varepsilon=2$ mm/m）中最外边的一个临界变形值点至采空区边界的连线与水平线在煤柱一侧的夹角称为移动角。走向移动角以 δ 表示；下山移动角以 β 表示；上山移动角以 γ 表示。

（12）半盆地长度

半盆地长度是指在充分采动或接近充分采动的情况下，移动盆地主断面上最大下沉点与盆地边界的距离。下山半盆地长度的符号为 L_1，上山半盆地长度的符号为 L_2，走向半盆地长度的符号为 L_3。

（13）拐点偏移距

下沉曲线的拐点往往不位于工作面开采边界的正上方，而向采空区方向偏移。拐点与工作面边界之间的距离称为拐点偏移距 S。拐点处的下沉值为最大下沉值的一半。

（14）影响传播角

对于近水平煤层，影响传播角是指在倾斜方向主断面上，开采边界（考虑拐点偏移距后）和下沉曲线拐点的连线与水平线在下山方向的夹角，影响传播角的符号为 θ_0。

根据《建筑物、水体、铁路及主要井巷煤柱留设与压煤开采规范》，当煤层倾角 $\alpha\leqslant45°$ 时，开采影响传播角 θ_0 与煤层倾角 α 的关系为：

$$\theta_0=90°-0.68\alpha \tag{2.2.12}$$

（15）最大下沉角

最大下沉角 θ 是指在移动盆地的倾斜主断面上，采空区中点与地表最大下沉点的连线与水平线在下山方向的夹角。最大下沉角 θ 的大小与上覆岩层的岩性有关。在厚含水松散层下开采时，θ 值增大表明地表沉陷盆地向上山方向偏移。

对于 1252(1)工作面观测站，根据地表移动观测站的实测资料和地质采矿条件，将获得的相关参数列入表 2-2。

表 2-2 地表移动变形参数[1252(1)工作面]

参数名		参数值	参数名			参数值
下沉率 q'		0.33	边界角	走向边界角 δ_0		55°31′
下沉系数 q		0.75		上山边界角 γ_0		50°46′
水平移动系数 b		0.40		下山边界角 β_0		51°19′
最大下沉角 θ		87°07′	移动角	走向移动角 δ		59°04′
起动距/m		93.1		上山移动角 γ		54°59′
超前影响距 l/m		586		下山移动角 β		55°13′
超前影响角 w		53°48′	拐点偏移距/m	走向	开切眼附近 $S_{左}$	110.4
主要影响半径/m	走向 $r_{走}$	327.3			停采线附近 $S_{右}$	133.1
	上山 $r_{上}$	267.9		倾向	上山 $S_{上}$	11.6
	下山 $r_{下}$	267.9			下山 $S_{下}$	95.2

表2-2(续)

参数名		参数值	参数名		参数值
主要影响角正切值	走向 tan $\beta_{走}$	2.99	最大下沉速度/(cm/天)		0.71
	上山 tan $\beta_{上}$	2.99	最大下沉速度滞后距 L/m		228.0
	下山 tan $\beta_{下}$	2.5	最大下沉速度滞后角 Φ		74°06′
半盆地长度/m	下山 L_1	709	采动系数	走向 n_3	1.25
	上山 L_2	842		倾向 n_1	0.29
	走向 L_3	966	影响传播角 θ_0		89°10′

上述参数中，下沉系数、边界角、移动角、影响传播角、主要影响半径、主要影响角正切值和半盆地长度均为充分采动或接近充分采动条件下的参数，然而，1252(1)工作面的回采为非充分采动(走向达到超充分采动，倾向为非充分采动)，因此这些参数仅供参考使用(或作为下一步求取概率积分模型预计参数的初值使用)；其他参数为实测参数，可以直接使用。表 2-2 中的下沉系数 q，是根据采动系数和实测值计算得到的。表 2-2 中，边界角、移动角为没有考虑松散层移动角的综合角值。

2.2.3.5　概率积分模型预计参数

根据 1252(1)工作面地表移动观测站的实测资料和概率积分模型的基本原理，采用模矢法求参，获得概率积分预计模型的 5 个基本参数，并列入表 2-3。

表 2-3　概率积分模型预计参数

参数名	参数值	参数名	参数值
下沉系数 q	0.75	水平移动系数 b	0.3
影响传播角 θ	88°	主要影响角正切值 tan β	1.8
拐点偏移距：$S_{左}/S_{右}/S_{上}/S_{下}=40/114/-29/90$ m			

模矢法(Pattern Search) 是一种求解无约束极值问题的解法。该方法由胡克(Hooke)和基夫斯(Jeeves)于 1961 年提出，是一种直接法。用这一方法易于编制计算机程序，具有遵循谷线(或脊线)加速移向最优点的性质，易于利用任意形状工作面或动态情况下测得的数据求取参数，且适用于所有的预计模型。

2.3　顾桥煤矿 1117(1)首采工作面观测站

对于谢桥矿区(包括顾桥煤矿、顾北煤矿、丁集煤矿、谢桥煤矿、张集煤矿和望峰岗矿井等)，收集了顾桥煤矿 1117(1)首采工作面观测站、1111(3)综采面观测站、1117(3)重采面观测站等 21 个观测站的地质采矿条件及观测站相关实测资料，为节省篇幅，这里仅给出顾桥煤矿 1117(1)首采工作面观测站的相关资料，其他观测站资料请参阅文献《淮南矿区岩移规律及相关参数研究》附录。

2.3.1　顾桥煤矿自然地理条件

顾桥煤矿位于淮南市辖凤台县岳张集镇境内，位于潘谢矿区中西部，东距凤台县约

20 km。其东与丁集矿井为邻，西与张集矿井相接，北与顾北矿井相连。顾桥煤矿是淮南矿业(集团)有限责任公司承建的年设计生产能力为1 000万t的特大型矿井。顾桥煤矿由中央区和南区共同组成，南区工业广场位于淮南市辖凤台县顾桥镇境内，位于桂集镇白塘庙以东、张塘庙以西、大冯家村以南区域。南区主要作为整个矿井的后备采区，为顾桥煤矿的后备主力采场，出煤系统仍由中央区主井承担。由于行人运料战线长以及通风能力不足，南区布设进风井和回风井两个立井，设计断面进风井直径为8.6 m，回风井直径为7.2 m。回风井于2007年7月1日正式开挖，进风井于2007年10月1日正式开挖，第一水平设计标高为－796 m，第二水平为－905 m。

淮南市位于亚热带和暖温带的过渡地带，气候条件优越，其主要气候特征为：春季气温多变；夏季雨水集中(占全年雨量的50%)，春季次之，秋季较少，冬季最少，累计年平均降水量为937.2 mm；季风显著、四季分明，累计年平均气温为15.3 ℃；无霜期较长，最长为261天，最短为179天，平均为224天；冻土深度为0.3 m。

井田范围北起F_{81}断层，南止F_{211}断层，西自1煤层隐伏露头，东至31勘探线和13-1煤层－1 000 m底板等高线地面垂直投影线。全井田南北走向长平均约13 km，东西倾斜宽平均约11 km，面积约140 km^2。

顾桥井田南部有阜淮铁路，潘谢矿区铁路从矿井井口附近通过，矿井煤炭产品可通过上述铁路西接京九线，东达京沪线，从而可运往全国各地；井田中部有凤(台)-利(辛)省道，东部边缘有凤(台)-蒙(城)公路。矿井进场道路从凤(台)-利(辛)公路延接入矿，仅687 m长；另外，井田内的永幸河、西南外缘的西淝河均可通行民船，继而与淮河相接，形成水上运输通道。因此，顾桥煤矿对外交通十分便利。

2.3.2 顾桥煤矿地质采矿条件概况

地层及煤层：本井田新生界松散层厚度为224.10～576.00 m。含煤地层为石炭系、二叠系，共有9层可采煤层，平均总厚度为24.11 m，其中13-1、11-2、8、6-2和1煤层为主采煤层，平均总厚度为21.14 m，各煤层赋存稳定，倾角一般为5°～15°。

地质构造：本井田地层形态总体为一走向近南北、倾向东的反"S"形单斜构造。共发现断层167条，大致可划分为近东西、北西、北东向3个断层组。由于受区域构造作用影响，井田五线以北构造中等，五线～F_{92}断层之间构造简单，F_{92}断层以南构造中等偏复杂。

煤炭：9层可采煤层共有地质储量(因无D级储量，亦为工业储量)26.3亿t，可采储量12.97亿t(－850 m以上7.60亿t)。

煤质：为中灰～富灰、特低硫、特低磷～低磷、富油～高油、高～难熔灰分、具较强黏结性的气煤和1/3焦煤，可供动力、炼焦配煤和化工之用。

水文：本井田新生界松散层自上而下可分为3部分；每部分又可分为3个含水组和3个隔水组，共计分为4个含水组、4个隔水组和1个碎石层。其中下3含水组在七线以北与基岩直接接触，为基岩含水层的主要补给水源；二叠系砂岩以中、细粒为主，富水性弱，以储存量为主，为矿坑的充水因素之一；含煤地层下伏的太原群灰岩距1煤层一般为16～20 m，灰岩水压较高，在开采1煤层时需采取疏水降压措施。

区域资料表明，奥陶系灰岩的中上部岩溶裂隙比较发育，虽分布不均，但富水性较强，系太灰岩的主要补给水源。

矿井初期开采 4-1～17-2 煤层时，正常涌水量为 850 m^3/h，最大涌水量为 1 330 m^3/h；开采 1 煤层时，经疏水降压后，另增太灰岩涌水量 805 m^3/h。

瓦斯：本矿井属高瓦斯矿井。

地温：本井田平均地温梯度为 3.08 ℃/100 m；预计－780 m 水平地温为 37.7～43.7 ℃，平均为 40.1 ℃，属地温异常区。

煤层可燃性及煤尘爆炸性：本井田可采煤层除 6-2 和 1 煤层不自燃～很易自燃以外，其余均很易自燃。煤尘均具有强爆炸性。

地下水资源：本井田地下水资源十分丰富。新生界第二含水组水质均符合饮用水标准，含水组沙层较厚，水量丰富，水质优良，可作为矿井饮用水等生活用水水源。此外，矿井井下排水量较大，正常涌水量为 850 m^3/h，经深度净化处理后也可满足矿井生产用水的要求，因此矿井供水水源丰富可靠。

本井田面积大，煤层埋藏深，煤层数目多且赋存平缓，因此设计矿井采用立井、分区开拓、分区通风、集中出煤的开拓方式。主要巷道采用主要石门及分层(组)大巷布置形式。全井田划分为中央区、西区、北区和南区 4 个分区。矿井初期先开采中央区，其他分区为接替区。

根据矿井提升、通风等要求，矿井投产时在中央区工业场地内设主井、副井和中央回风井 3 个井筒，并预留 1 个主井位置。西区、南区和北区分别设进风井和回风井各 1 个，形成各自独立的通风系统，其中进风井装备提升设备，用于各分区的辅助提升。全矿井共设井筒 11 个。本次联系测量，就是在南区进风井和回风井中进行的。

全井田划分两个生产水平开采。其中，一水平标高为－780 m，采用上、下山开采，下山采至－850 m；二水平标高为－950 m，亦采取上、下山开采，下山采至－1 000 m。本次联系测量和陀螺定向，除保证一水平南二 11-2 带式输送机大巷和南二 11-2 轨道大巷的正确贯通外，也是为南区一水平和二水平的安全生产服务的。

本井田煤层倾角小，一般为 5°～15°。因此，根据不同采区块段的开采条件及开拓布置，确定采区采用走向长壁与倾斜长壁相结合的布置方式。

2.3.3 1117(1)首采工作面观测站

2.3.3.1 1117(1)首采工作面地质采矿条件

顾桥煤矿 1117(1)首采工作面是顾桥煤矿的第一个回采工作面[以下称为“1117(1)首采面”]，位于顾桥煤矿北一采区，开采 11-2 煤层。1117(1)首采面设计走向长为 3 000 m，采长为 2 780 m，工作面宽为 250 m，可采储量为 245 万 t。

(1) 开采技术条件

1117(1)首采面实际回采走向长为 2 615 m，倾向长为 245 m；地面标高为＋23.1 m～＋24.03 m，工作面标高为－801.9～－686.02 m。井下位于北一采区中部，北为 F87 采区边界断层，南至工业广场保护煤柱，东西分别至设计运输顺槽和回风顺槽线。1117(1)首采面自 2006 年 10 月 1 日开始回采，到 2008 年 2 月 27 日结束，历时 17 个月又 27 天(总计 515 天)，平均回采速度约为 5.08 m/天。对于 1117(1)首采面而言，平均基岩厚度约为 352.1 m，小于松散层平均厚度(421.0 m)，平均埋深为 773.1 m。

该工作面地面位于杨庄孜以北，八里张家、张童庄和小叶庄之间，地面均为水田，地势平坦。除以上村庄外，工作面范围内还有顾桥镇第二小学和张童庄村委会等建筑物以及一些临时建筑。工作面回采对杨庄孜、八里张家、张童庄、小叶庄，以及顾桥镇第二小学和张童庄村委会等建筑物影响较大。

1117(1)首采面开采 11-2 煤层，煤层倾角为 3°～10°，平均为 5°，煤层赋存总体比较稳定，煤厚为 0.3～3.4 m，平均为 2.47 m，平均采高为 3.5 m；受构造影响地段，煤层厚度变化较大。该工作面煤层结构复杂，变异系数为 20.85%。

该工作面总体由一宽缓的背斜和向斜组成，其轴部近似东西方向。根据掘进资料，该工作面小断层和层滑特别发育，整个工作面掘进过程中共揭露正断层 34 条，逆断层 3 条。这些小断层不仅会破坏煤层的连续性，而且会使工作面出现煤层变薄区。小断层在工作面外段主要以 NNE—SSW 向正断层为主，在工作面里段主要以 NNW—SSE 向为主，这两个方向的断层一般延伸距离较短；走向断层较少，但延伸距离较长。断层落差为 0.1～4.2 m。另外，沿工作面方向煤层发育较紧密的褶曲，从而使巷道出现较大的起伏。

(2) 顶底板岩性

基本顶：灰白色～乳白色，厚层状，细中粒结构，钙质胶结，层面含暗色矿物，具平行层理和交错层理；厚度为 18.56 m。

直接顶：灰色～深灰色，滑面发育，具滑感，夹 11-3 煤层；厚度为 0～7.6 m。

伪顶：黑色，染手，较破碎；厚度为 0～0.6 m。

直接底：灰色～深灰色，泥质胶结，含植物化石，夹 1～2 层薄煤层；厚度为 12.11 m。

(3) 采煤方法及劳动组织

本工作面采用单一走向长壁、区内后退式自动化综合机械化采煤方法，正常回采期间工作面沿 11-2 煤层顶板回采，一次采全高。

工艺流程：割煤→推溜(刮板输送机)→移架。

2.3.3.2 1117(1)首采工作面观测站概况

顾桥煤矿 1117(1)首采面地表移动观测站布设了一条走向观测线和两条倾向观测线。走向观测线设置在工作面正上方。第一条倾向观测线(*A* 线，北倾向线)布置在离开切眼约 700 m、与工作面走向基本垂直的道路上；第二条倾向观测线(*B* 线，南倾向线)布置在离停采线约 1 030 m、与工作面走向基本垂直的水沟边上；第一、第二两条倾向观测线之间的距离 D_2 约 1 030 m。观测点标石按设计方案进行预制，标石的放样埋设与编号在 2006 年 6 月 11 日—2006 年 6 月 19 日间进行。根据编号结果，将 1117(1)首采面地表移动观测站的设置情况列入表 2-4，观测站的布设情况见图 2-6。

表 2-4 1117(1)首采面观测站情况统计表

观测线名称	监测线长度/m		测点数/个			监测点间距/m
			控制点	监测点	小计	
走向观测线	4 400		6	66	72	30.60
倾斜观测线	*A*	1 600	6	52	58	30
	B	1 660	6	56	62	30
合计	7 660		18	174	192	

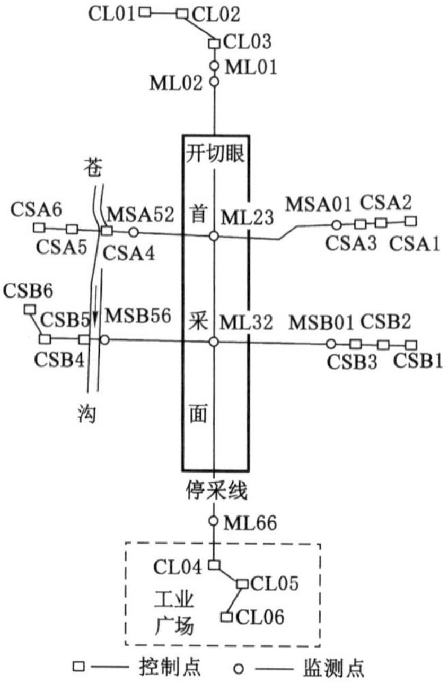

图 2-6　1117(1)首采面观测站布点略图

顾桥煤矿 1117(1)首采面地表移动观测站自 2006 年 8 月 5 日开始进行连接测量至 2008 年 9 月 7 日结束，观测工作历时约 25 个月，共进行了两次巡视测量、15 次全面观测以及 17 次日常观测，总计 34 次观测工作。

2.3.3.3　移动变形曲线

根据每次计算的移动变形值，可以绘制移动变形曲线。通过这种曲线，能够清楚地看出沿观测线的地表移动和变形的分布特征及其发展过程。利用实测数据绘制的 1117(1)首采面观测站移动变形曲线如图 2-7 所示。

2.3.3.4　工作面动态参数

根据“2.2.3.4　工作面动态参数”中的参数定义，以及 1117(1)首采面地表移动观测站的实测资料和地质采矿条件，获得顾桥煤矿 11-2 煤层 1117(1)首采面的相关参数，并列入表 2-5。

其中，下沉系数、边界角、移动角、影响传播角、主要影响半径、主要影响角正切值和半盆地长度均为充分采动或接近充分采动条件下的参数，然而，顾桥煤矿 11-2 煤层 1117(1)首采面的回采为非充分采动，因此这些参数仅供参考使用(或作为下一步求取概率积分模型预计参数的初值使用)；其他参数为实测参数，可以直接使用。表 2-5 中的下沉系数 q，是根据采动系数和实测值计算得到的，可以作为充分采动或接近充分采动条件下的下沉系数使用。表 2-5 中，边界角、移动角为没有考虑松散层移动角的综合角值。

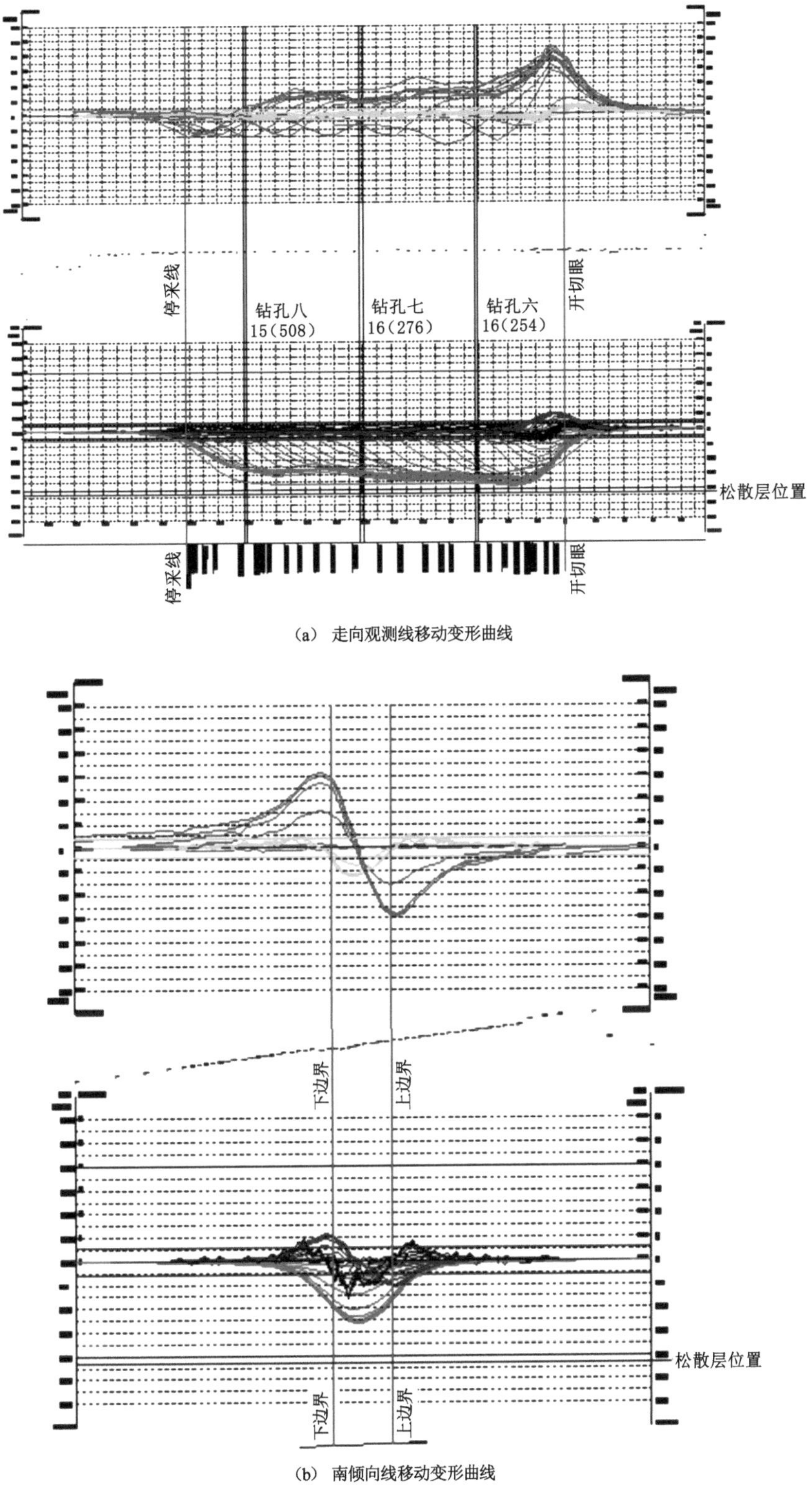

(a) 走向观测线移动变形曲线

(b) 南倾向线移动变形曲线

图 2-7　1117(1)首采面观测站移动变形曲线

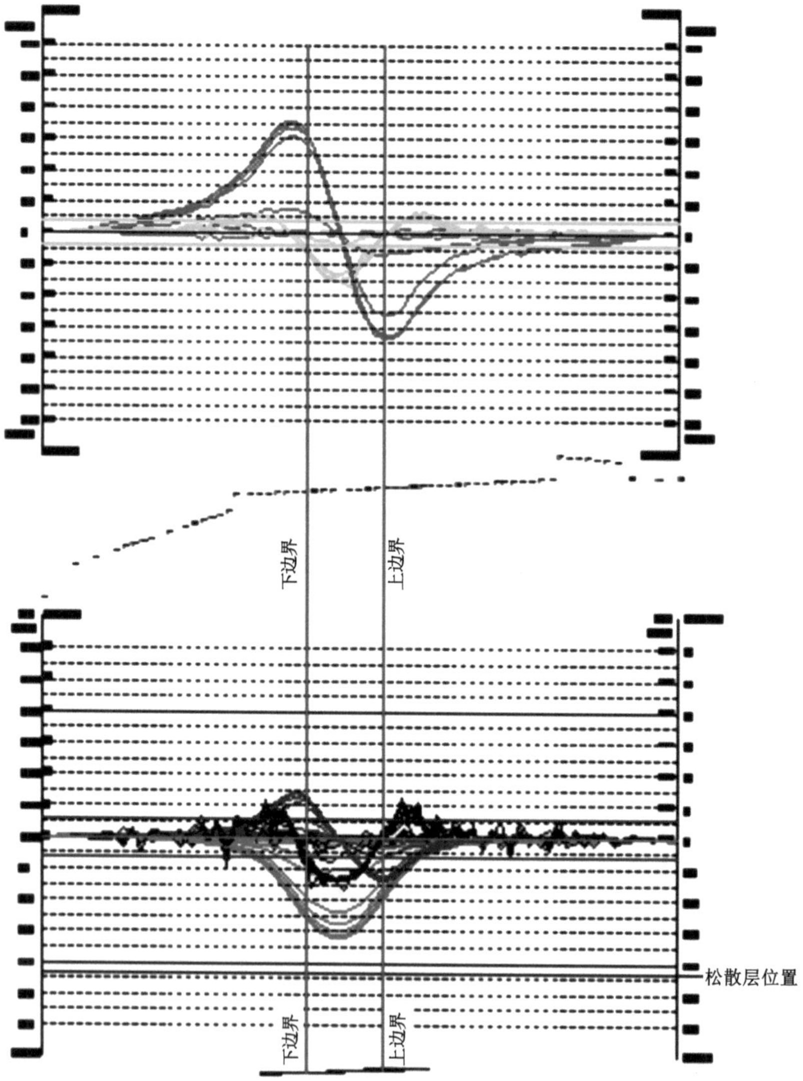

(c) 北倾向线移动变形曲线

图 2-7(续)

表 2-5 地表移动变形参数成果表[1117(1)首采面]

参数名	参数值	参数名		参数值
下沉系数 q	0.86	边界角	走向边界角 δ_0	56°58′
水平移动系数 b	0.435		上山边界角 γ_0	46°12′
最大下沉角 θ	90°		下山边界角 β_0	48°51′
起动距/m	27	移动角	走向移动角 δ	77°40′
超前影响距 l/m	315.5		上山移动角 γ	75°19′
超前影响角 w	67°27′		下山移动角 β	77°06′

表2-5(续)

<table>
<tr><th colspan="2">参数名</th><th>参数值</th><th colspan="3">参数名</th><th>参数值</th></tr>
<tr><td rowspan="4">主要影响半径/m</td><td rowspan="2">走向 $r_{走}$</td><td rowspan="2">340.2</td><td rowspan="4">拐点偏移距/m</td><td rowspan="2">走向</td><td>开切眼附近 $S_{左}$</td><td>62.3</td></tr>
<tr><td>停采线附近 $S_{右}$</td><td>62.3</td></tr>
<tr><td>上山 $r_{上}$</td><td>242.0</td><td rowspan="2">倾向</td><td>上山 $S_{上}$</td><td>−25.8</td></tr>
<tr><td>下山 $r_{下}$</td><td>239.2</td><td>下山 $S_{下}$</td><td>−35.1</td></tr>
<tr><td rowspan="3">主要影响角正切值</td><td>走向 $\tan\beta_{走}$</td><td>2.23</td><td colspan="3">最大下沉速度/(cm/天)</td><td>3.2</td></tr>
<tr><td>上山 $\tan\beta_{上}$</td><td>2.20</td><td colspan="3">最大下沉速度滞后距 L/m</td><td>172</td></tr>
<tr><td>下山 $\tan\beta_{下}$</td><td>2.17</td><td colspan="3">最大下沉速度滞后角 Φ</td><td>77°27′</td></tr>
<tr><td rowspan="3">半盆地长度/m</td><td>下山 L_1</td><td>802.3</td><td colspan="2" rowspan="2">采动系数</td><td>走向 n_3</td><td>4.396</td></tr>
<tr><td>上山 L_2</td><td>844.5</td><td>倾向 n_1</td><td>0.412</td></tr>
<tr><td>走向 L_3</td><td>844.8</td><td colspan="3">影响传播角 θ_0</td><td>89°</td></tr>
</table>

2.3.3.5 概率积分模型预计参数

对于顾桥煤矿 11-2 煤层综采工作面[1117(1)首采面]观测站，采用概率积分模型进行预计时所选用的 5 个参数及其他相关参数见表 2-6。

表 2-6 概率积分模型预计参数[1117(1)首采面]

<table>
<tr><th>参数名</th><th>参数值</th><th>参数名</th><th>参数值</th></tr>
<tr><td>下沉系数 q</td><td>1.0</td><td>水平移动系数 b</td><td>0.43</td></tr>
<tr><td>影响传播角 θ</td><td>89°</td><td>主要影响角正切值 $\tan\beta$</td><td>2.20</td></tr>
<tr><td colspan="4">拐点偏移距：$S_{左}/S_{右}/S_{上}/S_{下}=62/62/-26/-35$ m</td></tr>
</table>

3 淮南矿区地表移动变形基本规律

本章拟在第 2 章中已收集到的研究区观测站相关的地质采矿条件、观测站设置与数据处理分析、实测参数与概率积分模型预计参数等基础上，总结淮南潘谢矿区开采引起的地表移动变形基本规律，为开采沉陷预计参数和保护煤柱留设基本参数的解算做准备。

3.1 淮南矿区地表移动变形特征分析

根据第 2 章中已收集到的研究区观测站观测资料，获得了各设站工作面的实测移动变形曲线及移动变形规律，由此总结淮南矿区总体移动变形特征。

3.1.1 下沉曲线分布特征

淮南矿区总体下沉分布特征为：

(1) 对于地表下沉，随着工作面的推进，下沉范围与地表影响范围逐渐增大，走向方向的最大下沉点向前移动；倾向方向上，地表最大下沉点偏向下山方向，其位置不发生变化，工作面推进结束后，地表移动达到最大下沉值，最终趋于稳定。

(2) 对于倾向下沉曲线，最大下沉点与上山、下山拐点之间的距离基本相等，而下山拐点与边界点之间的距离大于上山拐点与边界点的距离；下沉曲线在拐点以内基本对称，在边界收敛的区域，下山收敛距离大于上山收敛距离。

(3) 对于拐点，倾向上的拐点位于采空区边界外侧，拐点偏移距一般为(0.01～0.17)H_0，走向上的拐点位于采空区边界内侧，拐点偏移距一般为(0.05～0.11)H_0。

(4) 对于重复开采，其增大了地表下沉的幅度和影响范围，不同煤层间的交错形成煤柱，使得下沉曲线呈一定的台阶状；煤柱在很大程度上减缓了地表的下沉，下沉呈波浪状。

3.1.2 倾斜曲线分布特征

随着工作面的推进，淮南矿区总体倾斜变形分布特征为：

(1) 倾向上，倾斜逐渐增大，但两个最大值位置及倾斜为零的位置不发生变化。

(2) 走向上，形成了两个最大倾斜点与一个倾斜为零的点，随着工作面的推进，开切眼侧的最大倾斜点逐渐增大，但其位置不发生变化；而推进侧的最大倾斜点逐渐增大，且其位置向前推进，同时倾斜为零的点不断向前移动。

(3) 开采结束后，倾斜趋于稳定值。

3.1.3 曲率曲线分布特征

随着工作面的推进，淮南矿区总体曲率变形分布特征为：

（1）倾向曲率逐渐增大，负向最大值位于最大下沉点处，正向最大值位于边界点与拐点之间，工作面开采结束后，此值不发生变化。

（2）走向曲率逐渐增大，曲率负向区域逐步增大，开切眼侧正向区域范围不发生变化，推进侧正向区域向前推进。

3.1.4　水平移动曲线分布特征

随着工作面的推进，淮南矿区总体水平移动分布特征为：

（1）倾向水平移动逐渐增大，在拐点处有正、负两个最大值，下山水平移动略大于上方。

（2）对于走向水平移动，开切眼侧水平移动、推进方向侧水平移动最值逐渐增大，且最值位置及水平移动为零的点随工作面推进而向前移动。

（3）水平移动曲线与倾斜曲线虽然量纲及数值大小不同，但曲线的几何形状极为相似。

3.1.5　水平变形曲线分布特征

随着工作面的推进，淮南矿区总体水平变形分布特征为：

（1）倾向水平变形逐渐增大，最大压缩值与最大拉伸值逐渐增大，且最大压缩值大于最大拉伸值，而水平变形为零的点不发生变化。

（2）对于走向水平变形，随着工作面的推进，开切眼侧水平变形拉伸区域最大拉伸值逐渐变大，压缩区域最大压缩值逐渐变大，且压缩区域向前移动；推进侧水平变形拉伸区域最大拉伸值逐渐变大，且拉伸区域向前移动。

（3）水平变形曲线与曲率曲线虽然量纲及数值大小不同，但曲线的几何形状极为相似。

3.2　地表移动角量参数分析

根据第2章中已收集到的研究区观测站观测资料，得到了各设站工作面的综合边界角、综合移动角、地表充分采动角以及地表最大下沉角，由此总结淮南矿区角量参数的基本规律。

3.2.1　综合边界角规律分析

边界角是描述地表移动盆地边界的参数，包括走向边界角 δ_0、下山边界角 β_0 以及上山边界角 γ_0。一般认为边界角与采深、采厚、松散层厚度、采动程度、采动次数等因素有关。

（1）走向边界角

根据收集的淮南矿区相关观测站数据，建立了走向边界角 δ_0 与采厚 m、采深 H、松散层厚度 h_s、煤层倾角 α、走向采动程度 D_1/H（走向长度比采深）、倾向采动程度 D_3/H（倾向长度比采深）之间的关系：

$$\delta_0 = 1.224m + 0.056\alpha + 0.023H - 1.238\frac{D_1}{H} - 18.818\frac{D_3}{H} - 0.011h_s + 44.303 \tag{3.2.1}$$

由上式可知，随着采深、煤层倾角、采厚的增加，走向边界角呈增大的趋势；随着走向采动程度、倾向采动程度和松散层厚度的增加，走向边界角呈减少的趋势。其中，倾向采动程度的系数最大，即倾向采动程度对走向边界角的影响最大。

（2）下山边界角

根据收集的淮南矿区相关观测站数据，建立了下山边界角 β_0 与采厚 m、采深 H、松散层厚度 h_s、煤层倾角 α、走向采动程度 D_1/H（走向长度比采深）、倾向采动程度 D_3/H（倾向长度比采深）之间的关系：

$$\beta_0 = 3.516m - 0.241\alpha + 0.013H - 3.757\frac{D_1}{H} - 5.820\frac{D_3}{H} - 0.028h_s + 53.541 \tag{3.2.2}$$

由上式可知，随着采深、采厚的增加，下山边界角呈增大的趋势；随着走向采动程度、倾向采动程度、松散层厚度和煤层倾角的增加，下山边界角呈减少的趋势。其中，倾向采动程度的系数最大，即倾向采动程度对下山边界角的影响最大。

（3）上山边界角

根据收集的淮南矿区相关观测站数据，建立了上山边界角 γ_0 与采厚 m、采深 H、松散层厚度 h_s、煤层倾角 α、走向采动程度 D_1/H（走向长度比采深）、倾向采动程度 D_3/H（倾向长度比采深）之间的关系：

$$\gamma_0 = -0.024m + 0.010\alpha + 0.009H - 1.477\frac{D_1}{H} + 10.134\frac{D_3}{H} - 0.019h_s + 50.681 \tag{3.2.3}$$

由上式可知，随着煤层倾角、采深、倾向采动程度的增加，下山边界角呈增大的趋势；随着走向采动程度、松散层厚度和采厚的增加，下山边界角呈减少的趋势。其中，倾向采动程度的系数最大，即倾向采动程度对上山边界角的影响最大。

3.2.2 综合移动角规律分析

移动角是描述地表危险移动边界的参数，包括走向移动角 δ、下山移动角 β 以及上山移动角 γ。一般认为移动角与采深、采厚、松散层厚度、采动程度、采动次数等因素有关。

（1）走向移动角

根据收集的淮南矿区相关观测站数据，建立了走向移动角 δ 与采厚 m、采深 H、松散层厚度 h_s、煤层倾角 α、走向采动程度 D_1/H（走向长度比采深）、倾向采动程度 D_3/H（倾向长度比采深）之间的关系：

$$\delta = 1.713m - 0.293\alpha + 0.015H + 0.122\frac{D_1}{H} - 18.390\frac{D_3}{H} - 0.014h_s + 68.936 \tag{3.2.4}$$

由上式可知，随着采深、采厚和走向采动程度的增加，走向移动角 δ 呈增大的趋势；随着煤层倾角、倾向采动程度和松散层厚度的增加，走向移动角 δ 呈减少的趋势。其中，倾向采动程度的系数最大，即倾向采动程度对走向移动角的影响最大。

（2）下山移动角

根据收集的淮南矿区相关观测站数据，建立了下山移动角 β 与采厚 m、采深 H、松散层厚度 h_s、煤层倾角 α、走向采动程度 D_1/H（走向长度比采深）、倾向采动程度 D_3/H（倾向长度比采深）之间的关系：

$$\beta = 1.692m - 0.512\alpha + 0.003H - 0.822\frac{D_1}{H} - 8.096\frac{D_3}{H} - 0.006h_s + 69.272 \tag{3.2.5}$$

由上式可知，随着采深、采厚的增加，下山移动角 β 呈增大的趋势；随着走向采动程度、倾向采动程度、松散层厚度和煤层倾角的增加，下山移动角 β 呈减少的趋势。其中，倾向采动程度的系数最大，即倾向采动程度对下山移动角的影响最大。

(3) 上山移动角

根据收集的淮南矿区相关观测站数据，建立了上山移动角 γ 与采厚 m、采深 H、松散层厚度 h_s、煤层倾角 α、走向采动程度 D_1/H（走向长度比采深）、倾向采动程度 D_3/H（倾向长度比采深）之间的关系：

$$\gamma = 0.316m - 0.675\alpha - 0.003H + 1.123\frac{D_1}{H} - 34.026\frac{D_3}{H} - 0.009h_s + 86.562 \tag{3.2.6}$$

由上式可知，随着采厚、走向采动程度的增加，上山移动角 γ 呈增大的趋势；随着煤层倾角、松散层厚度、采深和倾向采动程度的增加，上山移动角 γ 呈减少的趋势。其中，倾向采动程度的系数最大，即倾向采动程度对上山移动角的影响最大。

3.2.3 地表最大下沉角特性分析

最大下沉角 θ 是指在地表移动盆地的倾斜主断面上，采空区中点与地表最大下沉点的连线与水平线在下山方向的夹角。最大下沉角 θ 的大小与上覆岩层的岩性有关，在厚含水松散层下开采时，θ 值的增大表明地表沉陷盆地向上山方向偏移。

表 3-1 所示为淮南矿区实测的最大下沉角。由表 3-1 可以看出，淮南矿区的最大下沉角为 82°～90°，平均为 87.7°。

表 3-1 淮南矿区实测的最大下沉角

矿名	观测站	倾角/(°)	θ/(°)
丁集矿	1262(1)	3	87.7
	1141(3)	7	87.0
顾北矿	1232(3)	5	88.8
	1312(1)	5	89.0
顾桥矿	1111(3)	5	88.8
	1117(1)	5	90.0
	1117(3)	3	90.0
	1414(1)	5	88.6
	1613(1)	3	88.1
潘三矿	1731(3)	8	87.7
	1212(3)	4	89.2
	1552(3)	8	84.3

表3-1(续)

矿名	观测站	倾角/(°)	θ/(°)
潘一矿	1211(3)	9	82.0
	14021(3)	5	89.7
	1412(3)	5	82.7
	2311(3)	10	87.9
	1661(3)	7	87.6
	1651(3)	5	88.0
谢桥矿	1111(8)	13	88.5
	1121(3)	13	87.7
	1222(3)	14	87.6
张集矿	1221(3)	8	87.3
	1141(8)	4	88.6

3.3 地表移动盆地动态参数分析

根据第 2 章中已收集到的研究区观测站观测资料，得到了各设站工作面的地表移动起动距、地表移动超前影响角、最大下沉速度滞后角、地表最大下沉点下沉速度以及地表移动持续时间，由此总结淮南矿区地表移动盆地动态参数规律。

3.3.1 地表移动起动距

地下开采的影响到达地表后，当地表下沉达到 10 mm 时，工作面推进的距离称为地表移动起动距。根据实测资料，淮南矿区地表移动起动距见表 3-2。由表 3-2 可知，地表移动起动距为(0.03～0.19)H_0，平均为 0.089H_0。

表 3-2 淮南矿区地表移动起动距

序号	矿名	观测站	H_0/m	h_s/m	l_0/m	l_0/H_0	h_s/H_0
1	丁集矿	1262(1)	890.5	455	148	0.17	0.51
2		1141(3)	682	524	64	0.09	0.77
3		1311(1)	833	530	100	0.12	0.64
4	顾北矿	1312(1)	528	440	15.6	0.03	0.83
5		1232(3)	578	483	23	0.04	0.83
6	潘一矿	1242(1)	781	165	51	0.07	0.21
7		14021(3)	401	335	33	0.08	0.84
8		1252(1)	802	165	93.1	0.12	0.21
9	谢桥矿	1111(8)	500	400	40	0.03	0.80
10		1242(3)	600	336	27.6	0.05	0.64
11		1121(3)	527	367	21	0.04	0.70

表3-2(续)

序号	矿名	观测站	H_0/m	h_s/m	l_0/m	l_0/H_0	h_s/H_0
12	张集矿	1221(3)	604	339	80	0.13	0.56
13		1141(8)	530	388	101	0.19	0.73

注：H_0—平均采深；h_s—松散层厚度；l_0—起动距。

通过拟合分析表 3-2 中 l_0/H_0 与 h_s/H_0 之间的关系，得到如图 3-1 所示的拟合图形。

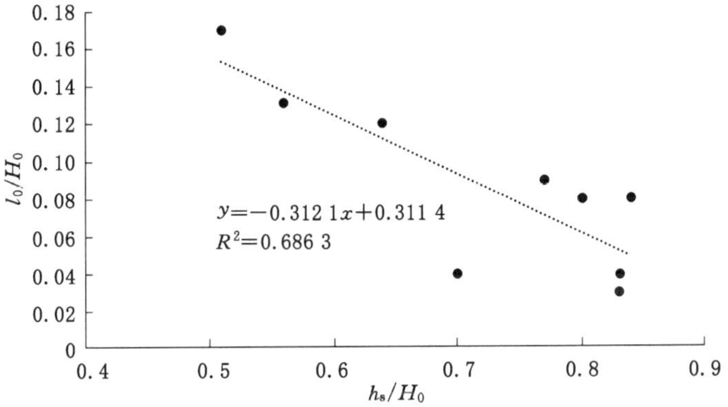

图 3-1 h_s/H_0 与 l_0/H_0 之间的关系

从图 3-1 中可以看出，当松散层在整体覆岩中所占比例较大时，起动距与平均采深之比有减小的趋势。

3.3.2 地表移动超前影响角

超前影响角是确定采动过程中地表移动动态盆地影响范围的参数，主要受覆岩性质、采深、采厚、工作面推进速度的影响。一般情况下，覆岩越坚硬，影响范围越小，超前影响角越大；采深越大，超前影响角越大；采厚越大，超前影响角越小；工作面推进速度越快，超前影响角越大。

通过分析淮南矿区的实测资料，求得的地表移动超前影响角见表 3-3。

表 3-3 淮南矿区地表移动超前影响角

序号	矿名	观测站	h_s/H_0	超前影响角 ω/(°)
1	丁集矿	1262(1)	0.51	66.9
2	丁集矿	1311(1)	0.64	69.3
3	顾桥矿	1117(3)	0.63	60.7
4	顾桥矿	1111(3)	0.83	60.4
5	顾桥矿	1117(1)	0.56	67.5
6	潘一矿	$140_2$1(3)	0.84	60.0
7	潘一矿	1252(1)	0.21	53.8
8	谢桥矿	1111(8)	0.80	62.3

表3-3(续)

序号	矿名	观测站	h_s/H_0	超前影响角 ω/(°)
9	谢桥矿	1121(3)	0.70	66.5
10	谢桥矿	2111(3)	0.46	49.8
11	张集矿	1221(3)	0.56	73.2
12	张集矿	1141(8)	0.73	65.6
13	张集矿	1611(3)	0.81	50.1
14	张集矿	1413(A)	0.79	43.8

回归分析说明，地表移动超前影响角与 h_s/H_0 相关，其回归关系见图 3-2，随着松散层在整个覆岩中所占比例的增大，超前影响角逐渐减小。淮南矿区的地表移动超前影响角为 43.8°～73.2°，平均为 60.7°。

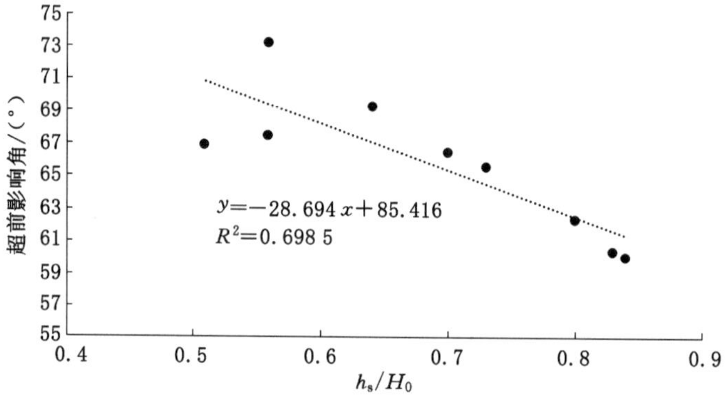

图 3-2　地表移动超前影响角与松散层贡献率的关系

3.3.3　最大下沉速度滞后角

最大下沉速度滞后角是确定采动过程中地表最大下沉速度位置的参数。滞后角主要受到覆岩性质、采深、采厚、工作面推进速度的影响。一般情况下，覆岩越坚硬，滞后角越小；采深越大，滞后角越大；工作面推进速度越快，滞后角越小。表 3-4 所示为淮南矿区实测地表移动滞后角，其取值范围为 70.4°～85.3°，平均为 78.8°。

表 3-4　淮南矿区实测地表移动滞后角

序号	矿名	观测站	采厚/m	平均采深/m	松散层厚度/m	推进速度 c/(m/天)	滞后角 φ/(°)
1	丁集矿	1262(1)	2.6	890.5	455	4	77.3
2	丁集矿	1141(3)	3.1	682	524	5.2	78.0
3	丁集矿	1311(1)	2.2	833	530	4.0	81.6
4	顾北矿	1312(1)	3.3	528	440	6.5	85.3
5	顾北矿	1232(3)	3.5	578	450	6.9	81.0
6	潘一矿	1242(1)	2.6	781	165	2.52	70.4

表3-4(续)

序号	矿名	观测站	采厚/m	平均采深/m	松散层厚度/m	推进速度 c/(m/天)	滞后角 φ/(°)
7	潘一矿	1252(1)	2.7	802	165	3.14	74.1
9	谢桥矿	1111(8)	3	500	403	1.87	78.4
10	谢桥矿	2111(3)	5.2	750	346	4.01	83.8

根据淮南矿区实测资料,经分析得到最大下沉速度滞后角与松散层厚度所占覆岩厚度比例、工作面推进速度呈正比关系,与采厚呈反比关系,如图 3-3 所示。回归分析获得的关系式为:

$$\varphi=7.078\,5\frac{h_s \cdot c}{H_0 \cdot m}+71.755$$

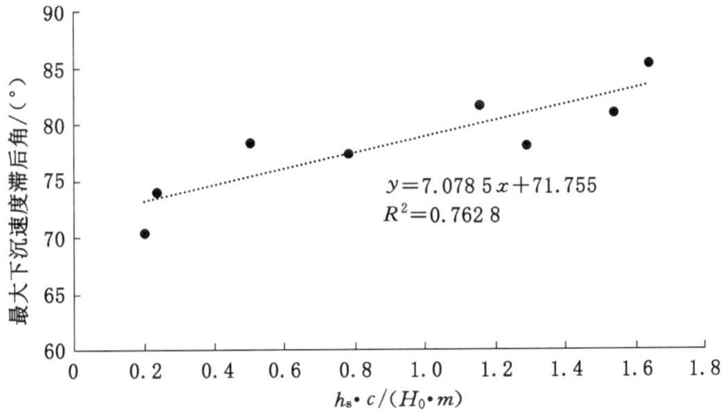

图 3-3 最大下沉速度滞后角与地质采矿条件之间的关系

3.3.4 地表最大下沉点下沉速度分析

地表下沉速度反映了地表移动的剧烈程度,下沉速度存在峰值,即最大下沉速度。最大下沉速度主要与采深、工作面推进速度、采厚和覆岩性质有关。一般情况下,采深越大,最大下沉速度越小;采厚越大,最大下沉速度越大;工作面推进速度越快,最大下沉速度越大。表 3-5 所示为淮南矿区实测地表最大下沉点最大下沉速度。最大下沉速度拟合曲线见图 3-4。

表 3-5 淮南矿区实测地表最大下沉点最大下沉速度

序号	矿名	观测站	采厚 m/m	煤层倾角 α/(°)	采深 H_0/m	工作面宽度 D/m	最大下沉速度 v_{max}/(mm/天)	推进速度 c/(m/天)
1	丁集矿	1262(1)	2.6	3	890.5	253.4	21.9	4
2	丁集矿	1141(3)	3.1	7	674	200	41.3	5.2
3	丁集矿	1311(1)	2.2	2	833	215	10.0	4.0
4	顾北矿	1232(3)	3.5	5	578.5	250	69.0	5.92
5	顾北矿	1312(1)	3.3	5	528	205	53.1	6.5
6	潘一矿	$140_2$1(3)	2.0	5	401	130	11.8	2.78

表3-5(续)

序号	矿名	观测站	采厚 m/m	煤层倾角 α/(°)	采深 H_0/m	工作面宽度 D/m	最大下沉速度 v_{max}/(mm/天)	推进速度 c/(m/天)
7	潘一矿	1242(1)	2.6	6	781	252	8.3	2.52
8	潘一矿	1252(1)	2.7	6	802	262	7.1	3.14
9	潘一矿	1412(3)	3.4	5	435	120	15	2.17
10	谢桥矿	1111(8)	3.0	13.5	500	171.8	16.5	1.87
11	谢桥矿	1121(3)	4.5	13	527	155	16.6	1.79
12	谢桥矿	2111(3)	5.2	12	750	234	37.74	4.01
13	张集矿	1141(8)	3.0	4	530	212	51.2	5.0
14	张集矿	1413(A)	5.5	4	502	180.5	43.2	3.82

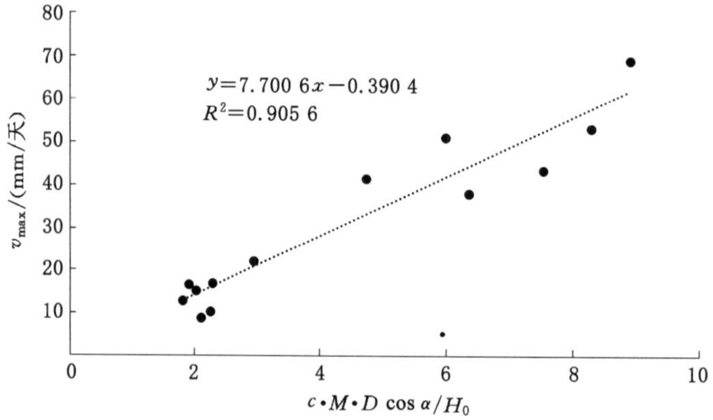

图 3-4 最大下沉速度拟合曲线

则有最大下沉速度：

$$v_{max}=7.007\ 6\frac{c\cdot m\cdot D\cdot \cos\alpha}{H_0}-0.390\ 4$$

3.3.5 地表移动持续时间分析

所谓地表移动持续时间或移动过程总时间，是指在充分采动或接近充分采动的情况下，下沉值最大的地表点从移动开始到移动稳定所持续的时间。由于在地表移动盆地的各地表点中，地表最大下沉点的下沉量最大，下沉的持续时间最长，所以地表移动持续时间或移动过程总时间应根据地表最大下沉点来确定。《规范》规定，当地表下沉值达到 10 mm 时，即认为地表开始移动，当 6 个月内地表下沉的累计值不超过 30 mm 时，即认为移动稳定。地表移动过程总时间的长短主要取决于岩层性质、开采深度和工作面推进速度等因素。开采深度越大，地表移动持续时间越长；工作面推进速度越快，地表移动持续时间越短。

地表移动的时间过程是反映地表移动规律的一个方面，根据下沉速度及其对建筑物的影响程度，以 1.67 mm/d(煤层倾角小于 45°时)为临界值，将地表移动过程分为开始阶段、活跃阶段、衰退阶段。这三个阶段的时间总和称为地表移动持续时间或移动过程总时间(表 3-6)。

根据表 3-6 中淮南矿区部分观测站的地表移动持续时间，回归得到了地表移动持续时间与开采深度和工作面推进速度的关系，如图 3-5 所示。

表 3-6　淮南矿区部分观测站的地表移动持续时间

矿名	观测站	H_0/m	c/(m/天)	H_0/c	地表移动持续时间/天			
					总时间	开始阶段	活跃阶段	衰退阶段
丁集矿	1262(1)	890.5	4	222.6	434	48	253	133
丁集矿	1141(3)	674	5.2	129.6	266	25	132	109
丁集矿	1311(1)	833	4	208.3	381	32	223	126
顾北矿	1312(1)	528	6.5	81.2	435	1	114	320
潘一矿	$140_21(3)$	401	2.78	144.2	380	47	153	180
潘一矿	1412(3)	435	2.17	200.5	461	61	159	241
谢桥矿	1111(8)	500	1.87	267.4	548	45	280	223
谢桥矿	1121(3)	527	1.79	294.4	484	59	316	109
谢桥矿	2111(3)	750	4.01	187.0	830	0	239	591
张集矿	1141(8)	530	5	106.0	332	19	138	175
口孜东矿	111303	846	2.76	306.5	702	19	620	63
刘庄矿	121303	718	4.78	150.2	420	27	340	53

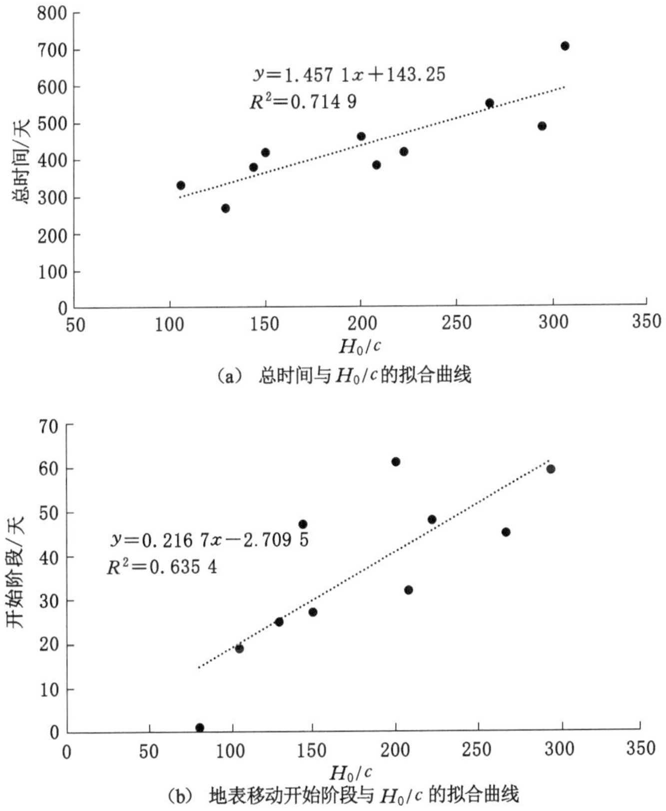

图 3-5　地表移动持续时间与 H_0/c 的拟合曲线

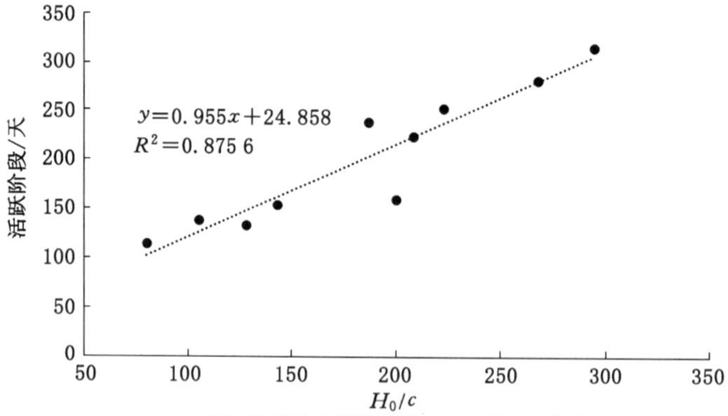

(c) 地表移动活跃阶段与 H_0/c 的拟合曲线

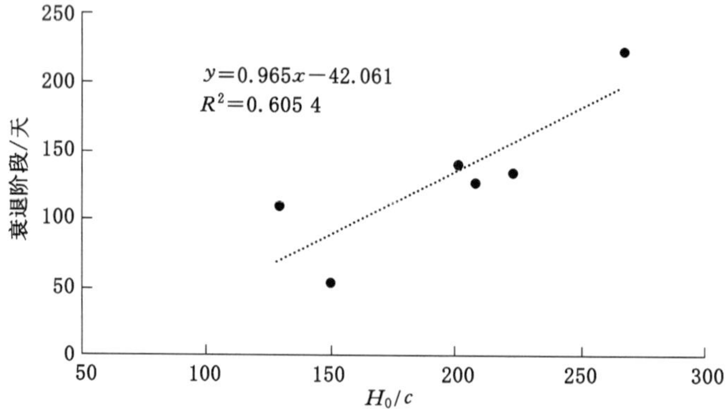

(d) 地表移动衰退阶段与 H_0/c 的拟合曲线

图 3-5(续)

4 区域保护煤柱留设参数和开采沉陷预计基本参数解算

本书的主要内容之一是获取淮南潘谢矿区基于概率积分模型的开采沉陷预计参数及建(构)筑物保护煤柱留设参数。采用概率积分模型进行开采沉陷预计时,除了提供必要的地质采矿条件参数(如采高和煤层倾角、工作面尺寸和采深、工作面推进方向等)外,还需要5个基本参数,即主要影响角正切值 $\tan\beta$、拐点偏移距 $S(S_{左}、S_{右}、S_{上}、S_{下})$、最大下沉系数 q、水平移动系数 b 和影响传播角 θ_0。与此类似,进行建(构)筑物保护煤柱留设时,除了提供受护建(构)筑物与所采煤层的空间位置关系、保护等级等基本信息外,还需要提供松散层移动角和基岩移动角(或边界角)等参数。

对于某一地表移动观测站,可以获取开采沉陷预计的5个基本参数,但仅能获取综合移动角和边界角,而无法获取松散层移动角和边界角、基岩移动角和边界角。同时,获取的参数与设站区域的地质采矿条件有密切的关系,其推广应用的程度有限。为此,本章基于已收集到的淮南潘谢矿区几十个观测站的资料,根据松散层厚度、煤层倾角、采高、采厚等因素建立观测站分类标准,获得了潘集矿区、谢桥矿区和淮南潘谢矿区开采沉陷预计的5个基本参数和煤柱留设角量参数(松散层移动角和边界角、基岩移动角和边界角),采用灰色关联分析方法和主成分回归分析方法建立了潘集矿区、谢桥矿区和淮南矿区的主要地质采矿条件与概率积分预计模型参数之间的回归模型,这可为指导潘谢矿区的安全生产、环境治理提供参考依据。

4.1 观测站分类

为了提高区域参数解算模型精度,本节按照不同的分类标准,将已收集到的淮南矿区工作面观测站进行分类,以保证相同类型下的观测站具有更加相似的地质采矿条件,从而使参数解算结果更加可靠。

4.1.1 观测站分类标准

根据工作面的地质采矿条件,对观测站进行分类,分类标准包括松散层厚度、煤层倾角、开采厚度、开采深度、重复采动情况等。

(1) 按松散层厚度划分

松散层为第四系与新近系地层,由土质、砂、砾石、卵石层等组成。松散层属于上覆岩层,对于岩层与地表移动的影响是多方面的。其关键在于松散介质的特征,其强度远不及一般的岩层,不会产生层状效应,这是与岩层的本质区别。松散层具有"加剧岩层破坏,缓解地表变形"的双重特性。

一般认为，松散层厚度 $h_s \leqslant 50$ m 时称为薄松散层，50 m $< h_s \leqslant 100$ m 时称为厚松散层，100 m $< h_s \leqslant 200$ m 时称为中厚松散层，$h_s > 200$ m 时称为巨厚松散层。对于淮南矿区，薄松散层主要出现在李嘴孜矿、新庄孜矿、谢一矿等老区，而潘谢新区主要为巨厚松散层（部分含有中厚松散层）。根据设站区域的松散层厚度 h_s，将观测站划分为薄松散层观测站、厚松散层观测站、中厚松散层观测站和巨厚松散层观测站四类。

(2) 按煤层倾角划分

煤层倾角 α 的变化对岩层和地表沉陷有明显影响。例如，在水平和近水平煤层开采条件下，地表沉陷的分布对采空区是对称的，随着倾角的增大，这种对称性逐渐消失；在水平及缓倾斜煤层开采条件下，地表下沉盆地为对称的碗形和盘形。按照倾角，将煤层划分为近水平煤层（$\alpha \leqslant 8°$）、缓倾斜煤层（$8° < \alpha \leqslant 25°$）、倾斜煤层（$25° < \alpha \leqslant 45°$）和急倾斜煤层（$\alpha > 45°$）。根据设站区域的煤层倾角，将观测站划分为近水平煤层观测站、缓倾斜煤层观测站、倾斜煤层观测站和急倾斜煤层观测站四类。对于淮南矿区，不存在急倾斜煤层观测站。

(3) 按开采厚度划分

开采厚度 m 对上覆岩层及地表沉陷过程的性质有重要的影响。开采厚度越大，冒落带、导水裂缝带高度越大，地表移动变形值也越大，移动过程表现得越剧烈，因此移动和变形值与开采厚度呈正比关系。根据开采厚度 m，将煤层划分为以下四类：

① 薄煤层：地下开采时厚度在 1.3 m 以下的煤层；露天开采时厚度在 3.5 m 以下的煤层。

② 中厚煤层：地下开采时厚度为 1.3～3.5 m 的煤层；露天开采时厚度为 3.5～10 m 的煤层。

③ 厚煤层：地下开采时厚度为 3.5～8.0 m 的煤层；露天开采时厚度为 10 m 以上的煤层。

④ 巨厚煤层：地下开采时厚度大于 8 m 的煤层。

根据设站区域的开采厚度 m，将观测站划分为薄煤层观测站、中厚煤层观测站、厚煤层观测站和巨厚煤层观测站四类。对于淮南矿区，不存在巨厚煤层观测站。

(4) 按开采深度划分

随着煤层开采深度 H_0 的增加，地表各项变形值逐渐减小。这是由于开采深度增加，地表移动范围增大，而地表下沉值变化不大，因此地表移动盆地变得平缓，各项变形值减小。由此可见，在其他条件相同的情况下，地表各项变形值与开采深度呈反比关系。淮南矿区目前主要开采 11-2 煤层和 13-1 煤层，因此可将观测站分为 11-2 煤层观测站和 13-1 煤层观测站两类。

(5) 按重复采动情况划分

重复采动是指岩层和地表在已经受过第一次开采（初采）的影响而产生移动、变形和破坏后，再一次经受开采（如开采下部煤层、下分层或同一煤层的下一个工作面）的影响，使得岩层和地表又一次受到采动，这种采动称为重复采动。重复采动时，地表移动和变形分布及其参数值与初采相比有显著变化，表现为移动过程更剧烈、地表下沉值增大、地表移动速度加快等。根据设站区域是否属于重复采动，将观测站划分为初采观测站和重采观测站两类。对于淮南矿区，重采观测站数量不多。

4.1.2 观测站分类结果

按照上述分类标准，分别对潘集矿区和谢桥矿区各观测站进行分类，其结果如下。

4.1.2.1 潘集矿区

按照第 4.1.1 节的分类方法，对收集的潘集矿区观测站工作面，利用其地质采矿条件进行分类，结果如表 4-1～表 4-4 所示。

表 4-1 按松散层厚度分类

	潘一矿东区	潘二矿	潘三矿	潘四矿东	朱集东矿
中厚松散层	1242(1)、1252(1)				
巨厚松散层	14021、16513、16613、23113	11124、11125	12123、15523、1622(3)	11111、11113、1111(3)、1222(3)	1111(1)、1111(3)、1222(1)、1242(1)

表 4-2 按煤层倾角分类

	潘一矿东区	潘二矿	潘三矿	潘四东矿	朱集东矿
近水平煤层	1242(1)、1252(1)、14021、16513、16613		12123		1111(3)、1222(1)、1242(1)
缓倾斜煤层	23113	11124、11125	15523、1622(3)	11111、11113、1111(3)	1111(1)
倾斜煤层				1222(3)	

表 4-3 按开采厚度分类

	潘一矿东区	潘二矿	潘三矿	潘四东矿	朱集东矿
中厚煤层	1242(1)、1252(1)、14021、16513、16613、23113	11125	12123、15523	11111	1111(1)、1222(1)、1242(1)
厚煤层		11124	1622(3)	11113、1111(3)、1222(3)	1111(3)

表 4-4 按开采深度分类

	潘一矿东区	潘二矿	潘三矿	潘四东矿	朱集东矿
11-2 煤层	1242(1)、1252(1)				1111(1)、1222(1)、1242(1)
13-1 煤层			1622(3)	1111(3)、1222(3)	1111(3)
1 煤层				11111	
3 煤层				11113	
4 煤层		11124			
5 煤层		11125			

由表 4-1～表 4-4 可知，潘集矿区大部分工作面地表皆有巨厚松散层赋存，仅潘一矿东区 1242(1)、1252(1)工作面上部为中厚松散层；开采的煤层大部分为近水平煤层或缓倾斜煤层，仅潘四东矿 1222(3)工作面煤层倾斜角度较大；煤层开采厚度以中厚煤层为主，煤层厚度变化不大，赋存较为稳定；开采煤层集中于 11-2 煤层及 13-1 煤层，其他煤层有少量开采。

通过对地表移动变形观测站进行分类，认为潘集矿区回采工作面地质采矿条件稳定，利于地表移动变形参数的求取。

4.1.2.2　谢桥矿区

按照第 4.1.1 节的分类方法，对收集的谢桥矿区观测站工作面，利用其地质采矿条件进行分类，结果如表 4-5～4-8 所示。谢桥矿区的松散层厚度多为巨厚松散层，为方便分析，根据已收集到的观测站资料，对所有谢桥矿区的巨厚松散层厚度取平均，得到平均松散层厚度为 420 m，因此可以取 400 m 为界限进行分类，大于 400 m 的为一组，小于 400 m 的为一组。

表 4-5　按松散层厚度分类(谢桥矿区)

观测站类型	顾桥煤矿	顾北煤矿	张集煤矿	丁集煤矿	谢桥煤矿
松散层厚度<400 m			1217(1)、17216、1722(1)、1611(3)、11418(W)、1413A		1242(3)、1222(3)、1121(3)、11316
松散层厚度≥400 m	1117(1)、1117(3)、1414(1)、1111(3)	1312(1)、12326、1232(3)、12126		1262(1)、1141(3)、1311(1)	11118

表 4-6　按煤层倾角分类(谢桥矿区)

观测站类型	顾桥煤矿	顾北煤矿	张集煤矿	丁集煤矿	谢桥煤矿
近水平煤层	1117(1)、1117(3)、1414(1)、1111(3)	1312(1)、12326、1232(3)、12126	1722(1)、17216、1413A、11418(W)、1217(1)	1311(1)、1262(1)、1141(3)	
缓倾斜煤层			1611(3)		1121(3)、11316、11118、1222(3)、1242(3)

表 4-7　按开采厚度分类(谢桥矿区)

观测站类型	顾桥煤矿	顾北煤矿	张集煤矿	丁集煤矿	谢桥煤矿
中厚煤层	12126、1414(1)	12326	1217(1)、11418(W)、1722(1)	1311(1)、1141(3)、1262(1)	11316、11118
厚煤层	1117(1)、1117(3)、1111(3)	1232(3)、1312(1)	17216、1413A、1611(3)		1222(3)、1121(3)、1242(3)

表 4-8 按开采深度分类(谢桥矿区)

观测站类型	顾桥煤矿	顾北煤矿	张集煤矿	丁集煤矿	谢桥煤矿
11-2 煤层	1117(1)、1414(1)	1232(3)、1312(1)	11418(W)、1217(1)、1722(1)	1262(1)、1311(1)	
13-1 煤层	1111(3)、1117(3)		1611(3)	1141(3)	1242(3)、1121(3)、1222(3)
6 煤层			17216		
6-2 煤层		12326、12126			

4.2 区域煤柱留设相关角量参数的解算

地表移动相关角值参数(如边界角、移动角等)反映了地下开采对地表的影响程度、大小和范围,这些角值参数与开采方法、岩石物理力学性质、煤层倾角、开采厚度与开采深度、采动次数、采空区尺寸、地形、地貌、松散层厚度等有关。对于淮南矿区,角值参数规律主要受到采深、采厚、松散层厚度、采动次数、采动程度、工作面推进速度等的影响。

在淮南矿区厚松散层条件下进行深部开采时,松散层与基岩作为两种不同的介质,对开采造成的覆岩破坏具有不同的传播形式。基岩及松散层的边界角、移动角的准确解算,对淮南矿区划定相应的保护边界具有重要的指导意义。通过地表观测站的实测数据,仅能确定综合边界角(以 10 mm 下沉为边界)与综合移动角(以 $i=3$ mm/m,$K=0.2$ mm/m^2,$\varepsilon=2$ mm/m 为边界),如何通过开采条件及综合角量参数求取相应矿区的基岩与松散层移动角参数,是一个需要研究的问题。

4.2.1 基本原理

按照基岩边界角的定义,从下沉 10 mm 的边界点沿松散层边界角 φ_0 投影到基岩面上,基岩面投影点与采空区边界的连线与水平线在煤柱一侧的夹角为基岩边界角。

按照基岩综合边界角的定义,下沉 10 mm 的边界点与采空区边界的连线与水平线在煤柱一侧的夹角为基岩综合边界角。如图 4-1 所示,φ_0 为松散层边界角,δ_0 为走向基岩边界角,δ_{0Z} 为走向基岩综合边界角。同理,下山基岩边界角为 β_0,下山基岩综合边界角为 β_{0Z};上山基岩边界角为 γ_0,上山基岩综合边界角为 γ_{0Z}。

按照基岩移动角的定义,取 $i=3$ mm/m,$K=0.2$ mm/m^2,$\varepsilon=2$ mm/m 最外边界的点,按照松散层移动角 φ 投影到基岩面上,基岩面投影点与采空区边界的连线与水平线在煤柱一侧的夹角为基岩移动角。按照基岩综合移动角的定义,取 $i=3$ mm/m,$K=0.2$ mm/m^2,$\varepsilon=2$ mm/m 最外边界的点,其与采空区边界的连线与水平线在煤柱一侧的夹角为基岩综合移动角。如图 4-1 所示,φ 为松散层移动角,δ 为走向基岩移动角,δ_Z 为走向基岩综合移动角。同理,下山基岩移动角为 β,下山基岩综合移动角为 β_Z;上山基岩移动角为 γ,上山基岩综合移动角为 γ_Z。

从图 4-1 中可以看出,对于走向边界角,有

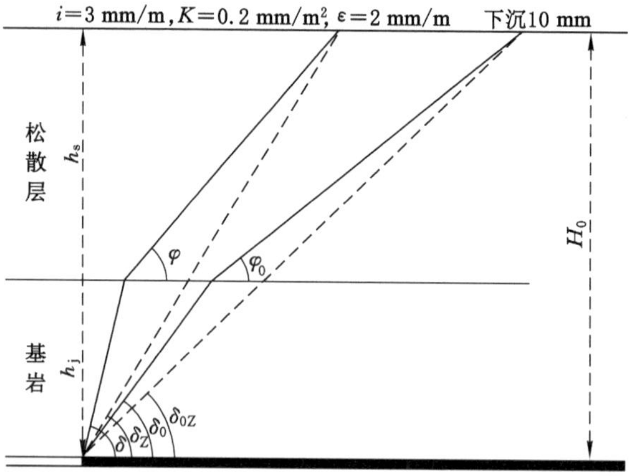

图 4-1　松散层与基岩角量参数确定示意图(走向)

$$H_0 \cot \delta_{0Z} = h_s \cot \varphi_0 + h_j \cot \delta_0 \tag{4.2.1}$$

对于走向移动角,有

$$H_0 \cot \delta_Z = h_s \cot \varphi + h_j \cot \delta \tag{4.2.2}$$

式中　H_0、h_s、h_j——设站工作面的平均采深、松散层厚度和基岩厚度,可根据地质采矿资料获取;

δ_{0Z}、δ_Z——利用观测站实测资料计算的走向基岩综合边界角、走向基岩综合移动角;

φ_0、φ、δ_0、δ——待求的松散层边界角和移动角、走向基岩边界角和移动角。

由式(4.2.1)和式(4.2.2)可看出,利用一个观测站的资料可以列立两个方程,但要解算4个未知数,此时没有唯一解。要获得唯一解,至少需要两个观测站的实测资料。若考虑削弱测量误差及异常值的影响,应至少需要4个观测站的实测资料。因此,在"4.1　观测站分类"中的5类观测站中,每类观测站至少要包含4个观测站的实测资料。

同理,对于下山边界角,有

$$H_1 \cot \beta_{0Z} = h_s \cot \varphi_0 + h_{j1} \cot \beta_0 \tag{4.2.3}$$

对于下山移动角,有

$$H_1 \cot \beta_Z = h_s \cot \varphi + h_{j1} \cot \beta \tag{4.2.4}$$

式中　H_1、h_{j1}——设站工作面的下山方向平均采深、基岩厚度,可根据地质采矿资料获取;

β_{0Z}、β_Z——利用观测站实测资料计算的下山基岩综合边界角、下山基岩综合移动角;

φ_0、φ——松散层边界角和移动角,已按式(4.2.1)和式(4.2.2)解算获得;

β_0、β——待求的下山基岩边界角和移动角。

对于上山边界角,有

$$H_2 \cot \gamma_{0Z} = h_s \cot \varphi_0 + h_{j2} \cot \gamma_0 \tag{4.2.5}$$

对于上山移动角,有

$$H_2 \cot \gamma_Z = h_s \cot \varphi + h_{j2} \cot \gamma \tag{4.2.6}$$

式中　H_2、h_{j2}——设站工作面的上山方向平均采深、基岩厚度,可根据地质采矿资料获取;

γ_{0Z}、γ_Z——利用观测站实测资料计算的上山基岩综合边界角、上山基岩综合移动角;

φ_0、φ——松散层边界角和移动角,已按式(4.2.1)和式(4.2.2)解算获得;

γ_0、γ——待求的上山基岩边界角和移动角。

将上述方程进行联合，有

$$\begin{cases} H_0 \cot \delta_{0Z} = h_s \cot \varphi_0 + h_j \cot \delta_0 \\ H_1 \cot \beta_{0Z} = h_s \cot \varphi_0 + h_{j1} \cot \beta_0 \\ H_2 \cot \gamma_{0Z} = h_s \cot \varphi_0 + h_{j2} \cot \gamma_0 \\ H_0 \cot \delta_Z = h_s \cot \varphi + h_j \cot \delta \\ H_1 \cot \beta_Z = h_s \cot \varphi + h_{j1} \cot \beta \\ H_2 \cot \gamma_Z = h_s \cot \varphi + h_{j2} \cot \gamma \end{cases} \tag{4.2.7}$$

式中各参数的含义参见上述说明。利用一个观测站的资料可列立 6 个方程，未知数个数为 8 个。理论上来说，利用两个观测站的资料，采用最小二乘法即可获得唯一解。

4.2.2　潘集矿区参数

首先，利用潘集矿区所有观测站的实测资料，联合对保护煤柱留设参数进行解算，然后按照分类标准，利用不同类别观测站的实测资料解算相应类别的保护煤柱留设参数。

(1) 潘集矿区联合解算

表 4-9 所示为利用潘集矿区 19 个工作面观测站的实测资料，联合解算的相关角量参数及中误差。

表 4-9　联合解算的潘集矿区保护煤柱留设参数

	松散层边界角/(°)	松散层移动角/(°)	走向基岩边界角/(°)	走向基岩移动角/(°)	上山基岩边界角/(°)	上山基岩移动角/(°)	下山基岩边界角/(°)	下山基岩移动角/(°)	单位权中误差
角度值	46.92	56.76	61.88	82.93	54.56	80.83	54.56	74.76	121.41
中误差	0.101	0.101	0.084	0.084	0.086	0.086	0.084	0.084	/

(2) 按煤层倾角分类

采用煤层倾角对潘集矿区工作面进行分类，根据分类结果利用观测站实测资料解算的相关角量参数及中误差见表 4-10。

表 4-10　按煤层倾角分类解算的潘集矿区保护煤柱留设参数

观测站类型	松散层边界角/(°)	松散层移动角/(°)	走向基岩边界角/(°)	走向基岩移动角/(°)	上山基岩边界角/(°)	上山基岩移动角/(°)	下山基岩边界角/(°)	下山基岩移动角/(°)	单位权中误差
近水平煤层	45.36	51.07	53.65	85.25	49.83	86.32	48.43	80.27	85.92
中误差	0.301	0.301	0.223	0.223	0.287	0.287	0.269	0.269	/
缓倾斜煤层	47.74	64.03	62.35	82.12	44.91	70.14	45.99	65.30	34.57
中误差	0.124	0.124	0.462	0.462	0.581	0.581	0.382	0.382	/

(3) 按开采厚度分类

采用煤层开采厚度对潘集矿区工作面进行分类，根据分类结果利用观测站实测资料解算的相关角量参数及中误差见表4-11。

表4-11　按开采厚度分类解算的潘集矿区保护煤柱留设参数

观测站类型	松散层边界角/(°)	松散层移动角/(°)	走向基岩边界角/(°)	走向基岩移动角/(°)	上山基岩边界角/(°)	上山基岩移动角/(°)	下山基岩边界角/(°)	下山基岩移动角/(°)	单位权中误差
中厚煤层	44.06	51.48	66.60	88.82	58.89	84.81	59.00	77.96	105.82
中误差	0.117	0.117	0.116	0.116	0.118	0.118	0.115	0.115	/
厚煤层	47.31	58.51	63.85	88.78	42.25	86.87	44.70	83.72	58.01
中误差	0.087	0.087	0.113	0.113	0.112	0.112	0.112	0.112	/

(4) 按开采深度分类

采用开采深度对潘集矿区工作面进行分类，根据分类结果利用观测站实测资料解算的相关角量参数及中误差见表4-12。

表4-12　按开采深度分类解算的潘集矿区保护煤柱留设参数

观测站类型	松散层边界角/(°)	松散层移动角/(°)	走向基岩边界角/(°)	走向基岩移动角/(°)	上山基岩边界角/(°)	上山基岩移动角/(°)	下山基岩边界角/(°)	下山基岩移动角/(°)	单位权中误差
11-2煤层	49.39	50.86	61.15	87.77	52.24	80.68	53.24	77.12	138.38
中误差	0.328	0.328	0.184	0.184	0.186	0.186	0.184	0.184	/
13-1煤层	48.37	56.60	62.94	88.28	47.42	85.89	44.08	81.73	27.87
中误差	0.148	0.148	0.494	0.494	0.617	0.617	0.410	0.410	/

4.2.3　谢桥矿区参数

首先，利用谢桥矿区所有观测站的实测资料，联合对保护煤柱留设参数进行解算，然后按照分类标准，利用不同类别观测站的实测资料解算相应类别的保护煤柱留设参数。

(1) 谢桥矿区联合解算

根据搜集的谢桥矿区观测站的实测资料，解算的谢桥矿区保护煤柱留设参数如表4-13所示。

表4-13　联合解算的谢桥矿区保护煤柱留设参数

观测站类型	松散层边界角/(°)	松散层移动角/(°)	走向基岩边界角/(°)	走向基岩移动角/(°)	上山基岩边界角/(°)	上山基岩移动角/(°)	下山基岩边界角/(°)	下山基岩移动角/(°)	单位权中误差
角度值	47.10	58.12	50.99	81.02	48.61	75.39	49.12	87.04	63.58
中误差	0.067	0.067	0.223	0.223	0.235	0.235	0.207	0.207	/

(2) 按煤层倾角分类

根据"4.2.1　基本原理"的介绍，按煤层倾角分类，基于已有的分类结果可求得谢桥矿区的保护煤柱留设参数，如表4-14所示。

表4-14　按煤层倾角分类解算的谢桥矿区保护煤柱留设参数

观测站类型	松散层边界角/(°)	松散层移动角/(°)	走向基岩边界角/(°)	走向基岩移动角/(°)	上山基岩边界角/(°)	上山基岩移动角/(°)	下山基岩边界角/(°)	下山基岩移动角/(°)	单位权中误差
近水平煤层	45.79	59.81	57.57	83.19	52.74	89.74	50.24	82.18	77.62
中误差	0.056	0.056	0.126	0.126	0.140	0.140	0.114	0.114	/
缓倾斜煤层	47.24	63.31	56.60	79.00	51.30	81.30	50.30	76.70	135.04
中误差	0.093	0.093	0.131	0.131	0.133	0.133	0.129	0.129	/

(3) 按开采厚度分类

根据"4.2.1　基本原理"的介绍，按开采厚度分类，基于已有的分类结果可求得谢桥矿区的保护煤柱留设参数，如表4-15所示。

表4-15　按开采厚度分类解算的谢桥矿区保护煤柱留设参数

观测站类型	松散层边界角/(°)	松散层移动角/(°)	走向基岩边界角/(°)	走向基岩移动角/(°)	上山基岩边界角/(°)	上山基岩移动角/(°)	下山基岩边界角/(°)	下山基岩移动角/(°)	单位权中误差
中厚煤层	44.25	68.02	59.72	64.29	61.07	66.68	59.35	66.67	103.79
中误差	0.050	0.050	0.090	0.090	0.095	0.095	0.086	0.086	/
厚煤层	44.50	61.56	52.69	82.20	49.20	72.05	52.13	86.80	55.43
中误差	0.098	0.098	0.368	0.367	0.379	0.379	0.347	0.347	/

(4) 按松散层厚度分类

根据"4.2.1　基本原理"的介绍，按松散层厚度分类，基于已有的分类结果可求得谢桥矿区的保护煤柱留设参数，如表4-16所示。

表4-16　按松散层厚度分类解算的谢桥矿区保护煤柱留设参数

观测站类型	松散层边界角/(°)	松散层移动角/(°)	走向基岩边界角/(°)	走向基岩移动角/(°)	上山基岩边界角/(°)	上山基岩移动角/(°)	下山基岩边界角/(°)	下山基岩移动角/(°)	单位权中误差
200 m$<h_s<$400 m	51.57	60.53	63.22	82.12	46.80	79.99	48.29	78.85	51.57
中误差	0.143	0.143	0.256	0.256	0.256	0.256	0.240	0.240	/
$h_s\geqslant$400 m	47.25	60.46	54.87	82.85	50.09	85.72	51.01	81.16	85.36
中误差	0.058	0.058	0.138	0.138	0.146	0.146	0.131	0.131	/

(5) 按开采深度分类

根据“4.2.1 基本原理”的介绍,按开采深度分类,基于已有的分类结果可求得谢桥矿区的保护煤柱留设参数,如表 4-17 所示。

表 4-17 按开采深度分类解算的谢桥矿区保护煤柱留设参数

观测站类型	松散层边界角/(°)	松散层移动角/(°)	走向基岩边界角/(°)	走向基岩移动角/(°)	上山基岩边界角/(°)	上山基岩移动角/(°)	下山基岩边界角/(°)	下山基岩移动角/(°)	单位权中误差
11-2 煤层	43.55	62.19	65.24	79.19	55.95	84.55	51.38	79.59	89.52
中误差	0.100	0.100	0.184	0.184	0.204	0.204	0.166	0.166	/
13-1 煤层	46.92	59.45	50.30	77.10	45.16	67.25	47.25	88.50	57.20
中误差	0.121	0.121	0.418	0.418	0.433	0.433	0.379	0.379	/

4.2.4 淮南矿区参数

首先,利用潘集矿区和谢桥矿区所有工作面观测站的实测资料,综合解算淮南矿区(包括潘集矿区和谢桥矿区)的保护煤柱留设参数,然后按照分类标准,利用不同类别观测站的实测资料解算相应类别的保护煤柱留设参数。

(1) 淮南矿区联合解算

利用收集的淮南潘集矿区和谢桥矿区观测站的实测资料,可解算淮南矿区的保护煤柱留设参数及中误差,如表 4-18 所示。

表 4-18 联合解算的淮南矿区保护煤柱留设参数

观测站类型	松散层边界角/(°)	松散层移动角/(°)	走向基岩边界角/(°)	走向基岩移动角/(°)	上山基岩边界角/(°)	上山基岩移动角/(°)	下山基岩边界角/(°)	下山基岩移动角/(°)	单位权中误差
角度值	44.34	62.95	64.33	81.11	57.28	74.16	58.21	73.27	112.46
中误差	0.039	0.039	0.059	0.059	0.060	0.060	0.057	0.057	/

(2) 按煤层倾角分类

根据“4.2.1 基本原理”的介绍,按煤层倾角分类,解算的淮南矿区保护煤柱留设参数及中误差如表 4-19 所示。

表 4-19 按煤层倾角分类解算的淮南矿区保护煤柱留设参数

观测站类型	松散层边界角/(°)	松散层移动角/(°)	走向基岩边界角/(°)	走向基岩移动角/(°)	上山基岩边界角/(°)	上山基岩移动角/(°)	下山基岩边界角/(°)	下山基岩移动角/(°)	单位权中误差
近水平煤层	44.55	61.67	63.37	85.59	55.47	79.13	55.18	75.89	98.64
中误差	0.046	0.046	0.065	0.065	0.066	0.066	0.064	0.064	/

表4-19(续)

观测站类型	松散层边界角/(°)	松散层移动角/(°)	走向基岩边界角/(°)	走向基岩移动角/(°)	上山基岩边界角/(°)	上山基岩移动角/(°)	下山基岩边界角/(°)	下山基岩移动角/(°)	单位权中误差
缓倾斜煤层	46.41	69.66	58.83	65.38	60.10	57.76	64.64	60.67	112.05
中误差	0.064	0.064	0.108	0.108	0.109	0.109	0.106	0.106	/

(3) 按开采厚度分类

根据“4.2.1 基本原理”的介绍，按开采厚度分类，解算的淮南矿区保护煤柱留设参数及中误差如表4-20所示。

表4-20 按开采厚度分类解算的淮南矿区保护煤柱留设参数

观测站类型	松散层边界角/(°)	松散层移动角/(°)	走向基岩边界角/(°)	走向基岩移动角/(°)	上山基岩边界角/(°)	上山基岩移动角/(°)	下山基岩边界角/(°)	下山基岩移动角/(°)	单位权中误差
中厚煤层	44.52	64.19	61.92	76.27	58.44	71.22	58.20	68.99	114.47
中误差	0.049	0.049	0.066	0.066	0.068	0.068	0.064	0.064	/
厚煤层	46.77	64.68	62.96	89.49	46.96	68.24	52.66	74.67	107.48
中误差	0.069	0.069	0.160	0.160	0.160	0.160	0.159	0.159	/

(4) 按松散层厚度分类

淮南矿区松散层多属于巨厚松散层，若依然采用原本的方法进行分类则不太合理。根据收集的设站工作面松散层厚度，得到平均松散层厚度为365 m。因此，取350 m为界限进行分类，大于350 m的为一组，小于350 m且大于200 m的为一组。

根据“4.2.1 基本原理”的介绍，按松散层厚度分类，解算的淮南矿区保护煤柱留设参数以及中误差如表4-21所示。

表4-21 按松散层厚度分类解算的淮南矿区保护煤柱留设参数

观测站类型	松散层边界角/(°)	松散层移动角/(°)	走向基岩边界角/(°)	走向基岩移动角/(°)	上山基岩边界角/(°)	上山基岩移动角/(°)	下山基岩边界角/(°)	下山基岩移动角/(°)	单位权中误差
200 m$<h_s<$350 m	45.13	56.59	63.13	89.49	54.98	78.66	55.29	75.25	117.28
中误差	0.094	0.094	0.088	0.088	0.089	0.089	0.088	0.088	/
$h_s\geqslant$350 m	47.69	64.25	54.49	78.16	47.87	66.40	51.78	69.53	99.19
中误差	0.062	0.062	0.145	0.145	0.151	0.151	0.138	0.138	/

(5) 按开采深度分类

根据“4.2.1 基本原理”的介绍，按开采深度分类，解算的淮南矿区保护煤柱留设参数以及中误差如表4-22所示。

表 4-22　按开采深度分类解算的淮南矿区保护煤柱留设参数

观测站类型	松散层边界角/(°)	松散层移动角/(°)	走向基岩边界角/(°)	走向基岩移动角/(°)	上山基岩边界角/(°)	上山基岩移动角/(°)	下山基岩边界角/(°)	下山基岩移动角/(°)	单位权中误差
11-2 煤层	43.21	61.35	65.31	85.45	56.31	78.43	55.82	75.48	115.22
中误差	0.073	0.073	0.081	0.081	0.083	0.083	0.080	0.080	/
13-1 煤层	47.98	75.58	54.71	63.99	46.41	42.03	53.19	47.12	88.98
中误差	0.082	0.082	0.209	0.209	0.219	0.219	0.197	0.197	/

4.3　概率积分模型预计参数解算

概率积分模型因其所采用的移动和变形预计公式中含有概率积分参数而得名。由于这种方法的基础是随机介质理论,因此其又称为随机介质理论法。随机介质理论最初由波兰学者利特维尼申于20世纪50年代引入岩层移动研究,后由我国学者刘宝琛、廖国华等发展为概率积分模型。经过我国开采沉陷工作者多年的研究,目前,其已成为我国较为成熟的、应用最为广泛的预计方法之一。

根据已收集到的淮南矿区几十个观测站的资料,获得了各观测站开采沉陷预计的5个基本参数,即主要影响角的正切值 $\tan\beta$、拐点偏移距 $S(S_{左}、S_{右}、S_{上}、S_{下})$、最大下沉系数 q、水平移动系数 b 和影响传播角 θ_0。但这些参数是在对应的地质采矿条件下获得的。建立观测站的目的之一,是通过分析观测站的地表移动变形基本规律,预测类似地质采矿条件下的地表移动变形规律,从而指导生产实践。

淮南矿区地质采矿条件差异较大,在分析观测站的地表移动变形基本规律及其主要影响因素的条件下,通过适当的数据处理方法,获得在一定地质采矿条件下该矿区开采沉陷预计的5个基本参数是本书要解决的关键问题之一。

4.3.1　概率积分模型预计参数的主要影响因素分析

与概率积分模型预计参数密切相关的地质采矿因素有覆岩岩性(采用覆岩平均坚固性系数 f 表示)、采高(m)、煤层埋藏深度(采深,m)、松散层厚度(m)、煤层倾角(°)、采动程度(分为走向采动程度和倾向采动程度)、重复采动、工作面推进速度(m/月)、地质构造、工作面大小、开采方法及顶板管理方法等。对于淮南矿区,收集了十几个观测站的资料,其地质采矿条件各异,概率积分模型预计参数也有所不同。在这些概率积分模型预计参数中,明确受哪些主要地质采矿因素的影响,既是为进行观测站分类提供依据,也是解算潘集矿区、谢桥矿区两个区域参数的需要。

4.3.1.1　*灰色关联分析方法*

灰色关联分析是数据分析中常用的方法,也是灰色系统理论中最重要的分析方法。该方法依据数据曲线几何形状的相似程度来判断数据序列间的关联性,数据序列间的变化趋势越相同,则认为数据序列间的关系越密切或关联度越高。它对样本的数量和规律性要求不高,计算量小,且不会引起量化结果与定性分析结果不符的情况。

设系统特征行为数据序列(如概率积分模型参数)为 x_0,m 个相关因素序列(地质采矿条件)为 X_m,则有:

$$\begin{cases} X_0=[x_0(1),x_0(2),x_0(3),\cdots,x_0(n)] \\ X_1=[x_1(1),x_1(2),x_1(3),\cdots,x_1(n)] \\ \vdots \\ X_m=[x_m(1),x_m(2),x_m(3),\cdots,x_m(n)] \end{cases} \tag{4.3.1}$$

由于特征行为数据序列和相关因素序列的量纲可能不同,所以需要通过算子作用使之成为无量纲的数据,即求得各个数据序列的初值像。系统特征行为数据序列的初值像记为 x_0',相关因素序列的初值像记为 X_m',于是有:

$$\begin{cases} X_0'=X_0/x_0(1)=[x_0'(1),x_0'(2),x_0'(3),\cdots,x_0'(n)] \\ X_1'=X_1/x_1(1)=[x_1'(1),x_1'(2),x_1'(3),\cdots,x_1'(n)] \\ \vdots \\ X_m'=X_m/x_m(1)=[x_m'(1),x_m'(2),x_m'(3),\cdots,x_m'(n)] \end{cases} \tag{4.3.2}$$

则可按下式求得关联系数 $\gamma(x_0(k),x_i(k))$:

$$\gamma(x_0(k),x_i(k))=\frac{\min\limits_i \min\limits_k |x_0(k)-x_i(k)|+\xi\min\limits_i \min\limits_k |x_0(k)-x_i(k)|}{|x_0(k)-x_i(k)|+\xi\min\limits_i \min\limits_k |x_0(k)-x_i(k)|} \tag{4.3.3}$$

式中,i 的取值范围为 $1\sim m$;k 的取值范围为 $1\sim n$;ξ 为分辨系数,取值为 0.5。则可得灰色关联度 $\gamma(X_0,X_i)$:

$$\gamma(X_0,X_i)=\frac{1}{n}\sum_{k=1}^{n}\gamma(|x_0(k)-x_i(k)|) \tag{4.3.4}$$

影响概率积分模型预计参数的地质采矿因素众多,有些因素可以进行定量分析,而像采煤方法、是否重复采动等因素则无法定量。因此,在采用灰色关联分析时需选用常见且可定量的地质采矿因素,如上覆岩层平均坚固性系数 f、采厚 m、采深 H、松散层厚度 h_s、煤层倾角 α 等。

根据收集的观测站数据构造影响因素的数据矩阵,并分别对概率积分模型预计参数进行灰色关联分析,按照重要因素关联度大于 0.7 的原则,确定影响概率积分模型预计参数的主要因素及观测站分类指标。

4.3.1.2　主成分分析法

主成分分析也称为主分量分析,旨在利用降维的思想,把多指标转化为少数几个综合指标(即主成分),其中每个主成分都能够反映原始变量的大部分信息,且所含信息互不重复。这种方法在引进多方面变量的同时,将复杂因素归结为几个主成分,使问题简单化,可得到更加科学有效的数据信息。在实际问题研究中,为了全面、系统地分析问题,须考虑众多影响因素。这些涉及的因素一般称为指标,在多元统计分析中也称为变量。因为每个变量都在不同程度上反映了所研究问题的某些信息,且指标之间有一定的相关性,因而所得的统计数据反映的信息在一定程度上存在重叠。

设收集了 n 个观测站的资料(样本),p 个地质采矿条件(变量),得到原始数据矩阵 $\boldsymbol{X}=(x_{ij})_{np}$。其中 $i=1,2,\cdots,n$;$j=1,2,\cdots,p$。

(1) 对原始数据矩阵进行无量纲化处理

常用的无量纲化方法是对数据进行标准化处理,但标准化处理在消除量纲或数量级影响的同时,也抹平了各指标变异程度上的差异。这里采用均值化处理方法,令

$$y_{ij}=\frac{x_{ij}}{\bar{x}_j} \tag{4.3.5}$$

式中

$$\bar{x}_j=\frac{1}{n}\sum_{k=1}^{n}x_{kj},\quad j=1,2,\cdots,p \tag{4.3.6}$$

得到均值化数据矩阵 $\boldsymbol{Y}=(y_{ij})_{np}$。

(2) 选择主成分

计算指标间的协方差矩阵 $\boldsymbol{S}=(s_{ij})_{np}$、特征值 $\lambda_1\geqslant\lambda_2\geqslant\cdots\geqslant\lambda_p\geqslant0$ 和正则化单位特征向量 $\boldsymbol{E}_j=(e_{11},e_{21},\cdots,e_{pj})^{\mathrm{T}}$,其中

$$s_{ij}=\frac{1}{n-1}\sum_{k=1}^{n}(x_{ki}-\bar{x}_i)(x_{kj}-\bar{x}_j),\quad i,j=1,2,\cdots,p \tag{4.3.7}$$

得到主成分 $\boldsymbol{F}_j=\boldsymbol{YE}_j$($\boldsymbol{Y}$ 为均值化处理后的数据矩阵),$j=1,2,\cdots,p$。第 j 个主成分的方差贡献率为:

$$\alpha_j=\lambda_j/\sum_{m=1}^{p}\lambda_m \tag{4.3.8}$$

方差贡献率解释为主成分 $\boldsymbol{F}_j$ 所反映的信息量。当主成分的累计方差贡献率

$$G(r)=\sum_{j=1}^{r}\alpha_j \tag{4.3.9}$$

达到足够大(一般不小于 85%)时,取前 r 个为主成分 F_1, F_2,$\cdots$, F_r,即认为这 r 个主成分综合体现了原来 p 个评价指标的信息,亦即获得了影响概率积分模型预计参数的主要因素及观测站分类指标。

4.3.2 概率积分模型预计参数的解算

为了获取淮南潘谢矿区概率积分模型预计参数的解算模型,首先需要选取各参数的主控因素,然后根据实测数据对其进行回归计算。这里分别采用主成分分析法和人工神经网络方法对淮南矿区的概率积分模型预计参数和影响因素的关联性进行分析。

4.3.2.1 主成分分析法

通过灰色关联分析和主成分分析,获得了影响概率积分模型预计参数的主成分,据此形成了新的样本数据集,然后可利用新的样本数据集进行回归分析。

采用多元线性回归方法,建立主成分与概率积分模型预计参数之间的函数模型,函数模型的表达式为:

$$\boldsymbol{y}=\boldsymbol{AF}+f \tag{4.3.10}$$

式中,$\boldsymbol{y}=[q,b,\tan\beta,\theta_0,S_{左},S_{右},S_{上},S_{下}]^{\mathrm{T}}$;$\boldsymbol{A}$ 为系数矩阵;$\boldsymbol{F}=[F_1,F_2,\cdots,F_r]^{\mathrm{T}}$,选用新样本数据集中的部分观测站($n_1$)数据进行解算;$f$ 为常数项。

为评价回归模型的正确性,从内部符合精度和外部检核精度两方面进行评价。对于内部符合精度,采用中误差(E_{MS})和平均绝对误差百分率(E_{MAP})进行评定。E_{MS} 为模型的拟

合误差，E_{MAP} 为模型的相对误差，则有：

$$E_{MS}=\pm\sqrt{\frac{1}{n_1}\sum(p_i-\hat{p}_i)^2} \tag{4.3.11}$$

$$E_{MAP}=\frac{1}{n_1}\sum(|p_i-\hat{p}_i|/p_i)\times 100\% \tag{4.3.12}$$

式中，p_i 为概率积分模型预计参数的实测值；$\hat{p}_i$ 为利用解算的回归模型按式(4.3.10)计算的概率积分模型预计参数；n_1 为解算回归模型参数时所利用的观测站数量。

对于外部检核精度，仍采用中误差(E_{MS})和平均绝对误差百分率(E_{MAP})按类似式(4.3.11)和式(4.3.12)的形式进行评定，具体如下。

$$E_{MS}=\pm\sqrt{\frac{1}{n_2}\sum(p_i-\hat{p}_i)^2} \tag{4.3.13}$$

$$E_{MAP}=\frac{1}{n_2}\sum(|p_i-\hat{p}_i|/p_i)\times 100\% \tag{4.3.14}$$

式中，p_i 为概率积分模型预计参数的实测值；$\hat{p}_i$ 为利用解算的回归模型按式(4.3.10)计算的概率积分模型预计参数；n_2 为未参加回归模型参数解算的观测站数量，且 $n=n_1+n_2$，n 为收集的观测站总数。

4.3.2.2 人工神经网络方法

人工神经网络(artificial neural network，简称 ANN)，自 20 世纪 80 年代以来一直是人工智能领域的研究热点。它从信息处理的角度对人类大脑神经元网络进行抽象，建立某种简单模型，按不同的连接方式组成不同的网络。在工程与学术界，它也常简称为神经网络或类神经网络。神经网络是一种运算模型，由大量的节点(或称神经元)相互连接构成。每个节点代表一种特定的输出函数，称为激励函数(activation function)。每两个节点间的连接代表一个通过该连接信号的加权值，称为权重，相当于人工神经网络的记忆。网络的输出则根据网络的连接方式、权重值和激励函数的不同而不同。网络自身通常是对自然界某种算法或者函数的逼近，也可能是对一种逻辑策略的表达。

BP(back propagation)神经网络是一种多层前馈神经网络。神经网络的特点是信号向前传播，误差反向传递。神经网络由输入层、隐含层和输出层 3 层组成，隐含层可以是一层也可以是多层，其网络结构见图 4-2。

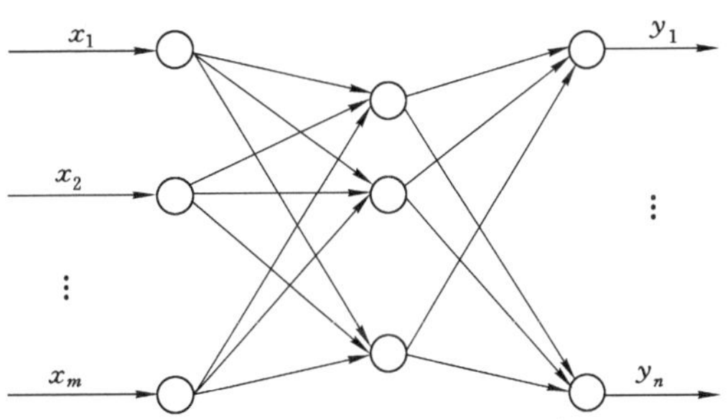

图 4-2 神经网络结构

BP 神经网络预测首先要训练网络，通过训练使神经网络具备联想记忆和预测能力。设

3 层 BP 神经网络的输入节点有 m 个，输出参数有 n 个，训练样本有 N 个，则输入和输出的关系为：

$$\hat{y}_k(t)=\sum_{j=1}^{p}v_{jk}\cdot f\left[\sum_{i=1}^{m}w_{ij}\cdot x_i(t)+\theta_j\right]+r_k \tag{4.3.15}$$

式中，$f(x)=1/(1+e^{-x})$；$k=1,2,\cdots,n$；$t=1,2,\cdots,N$；x_i 为网络的输入；$\hat{y}_k(t)$为第 k 个输出节点的输出值；w_{ij} 为输入层 i 节点到输出层 j 节点的权值；v_{jk} 为隐含层 j 节点到输出层 k 节点的权值；θ_j 为隐含层 j 节点处的阈值；r_k 为输出层 k 节点处的阈值；f 为激活（或传递）函数。

传统的 BP 神经网络采用的是误差按照梯度下降的学习算法，这样使得网络的实际输出值和期望输出值之间的误差最小。误差定义为：

$$E=\frac{1}{2}\sum_{k=1}^{l}(y_k-\hat{y}_k)^2 \tag{4.3.16}$$

式中，l 为 BP 神经网络的输出层个数，y_k 表示第 k 个节点的期望输出值。由式(4.3.15)和式(4.3.16)可以看出，误差 E 是权值和阈值的函数，即可通过修改权值和阈值来改变误差的大小。

传递函数可选用 MATLAB 神经网络工具箱中的 tansig 和 purelin 函数，隐含层的传递函数 sigmoid 的表达式见式(4.3.17)，purelin 函数的表达式见式(4.3.18)。

$$f(x)=\{2/[1+\exp(-2x)]\}-1 \tag{4.3.17}$$

$$f(x)=x \tag{4.3.18}$$

针对遗传算法易早熟收敛问题，多种群遗传算法(multi-population genetic algorithm，简称 MPGA)可以解决这个问题。MPGA 算法引入多个种群进行同时搜索，通过移民算子把各个种群联系起来，从而实现协同进化。同时采用人工选择算子保存最优个体，作为算法收敛的依据。其算法结构见图 4-3。

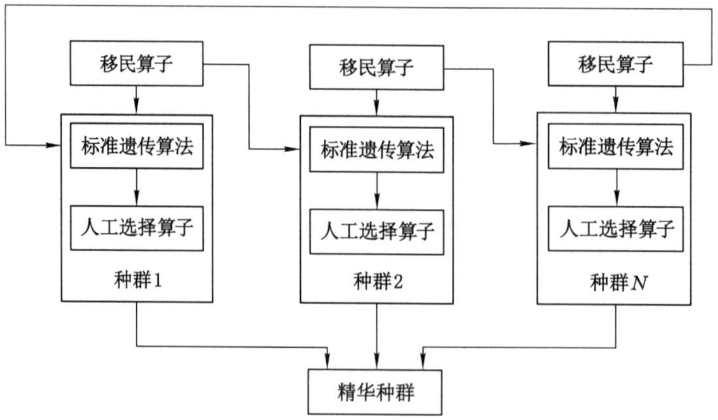

图 4-3　MPGA 算法结构

本书将 MPGA 优化 BP 神经网络应用到概率积分模型预计参数解算中，主要分为 3 个环节，具体优化流程示意图见图 4-4。

(1) 根据输入和输出的参数个数确定神经网络的结构，建立一个初始 BP 神经网络结构，并设定网络相关参数和函数。

(2) 遗传算法的优化：采用 MPGA 优化 BP 神经网络的权值和阈值。

(3) 采用 MPGA 优化后的权值和阈值建立 BP 神经网络，并进行预测和输出。

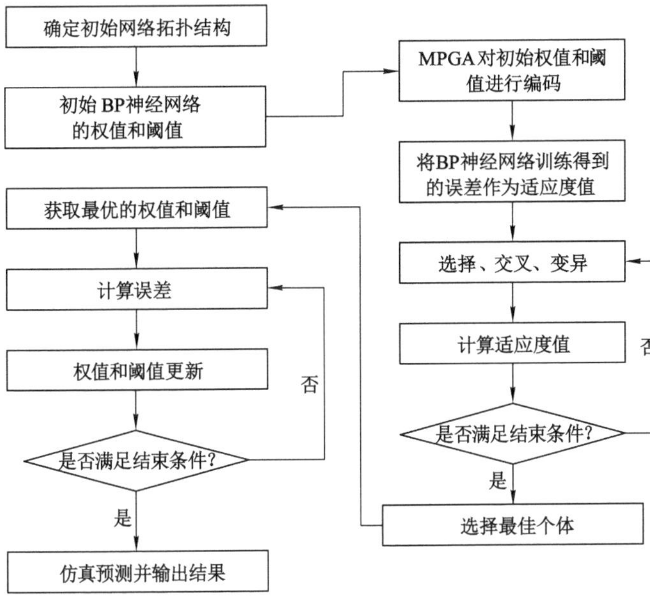

图 4-4 优化流程示意图

概率积分模型预计参数会受到复杂地质采矿条件的影响，本书选取的地质采矿条件包括覆岩平均坚固性系数 f、开采厚度 m、煤层倾角 α、平均采深 H、走向宽深比 D_1/H、倾向宽深比 D_3/H、推进速度 c 和松散层厚度 h_s，并以其作为输入节点。待求的概率积分模型预计参数下沉系数 q、水平移动系数 b、主要影响角正切值 $\tan\beta$、开采影响传播角 θ_0 作为神经网络的输出节点。为简化神经网络结构，提高参数解算精度，采用多对一的神经网络，即多输入层对单一输出层，以 4 个概率积分模型预计参数分别作为单一输出层，建立 4 个独立模型，每个预测模型中有输入节点 8 个、输出节点 1 个。经过多次训练并进行精度比较，确定各个模型的隐含层神经元个数为：下沉系数模型 12 个，水平移动系数模型 13 个，主要影响角正切值模型 16 个，开采影响传播角模型 6 个。

选取收集的淮南潘谢矿区地表观测站的实测资料作为训练样本和测试样本，采用人工神经网络的方法，即可获得潘谢矿区厚(巨厚)松散层下概率积分模型预计参数的 BP 神经网络解，然后验证算法的正确性。

4.3.3 潘集矿区参数

分别利用灰色关联分析法、主成分分析法和神经网络算法对潘集矿区的概率积分模型预计参数和地质采矿条件的关联性进行分析，获取主要影响因素，然后通过多元线性回归方法建立主要影响因素与概率积分模型预计参数之间的线性模型，并对模型精度进行评价。

4.3.3.1 解算结果

(1) 潘集矿区灰色关联分析结果

利用收集整理的潘集矿区 19 个工作面地表观测站的实测资料，选取 17 个观测站的数据作为训练数据（潘一矿 6 个、潘三矿 3 个、潘四东矿 4 个及朱集东矿 4 个），利用灰色关联分析方法判断地质采矿条件与概率积分模型预计参数之间的关联性。选取的地质采矿条件包括松散层厚度、采高、煤层倾角、采深、采动程度（倾向）及推进速度，概率积分模型预计参数包括下沉系数、主要影响角正切值、水平移动系数、开采影响传播角及拐点偏移距。根据关联性分析结果，选取关联度大于 0.7 的地质采矿条件作为概率积分预计参数的主要影响因素。然后通过多元线性回归方法建立主要影响因素与概率积分模型预计参数之间的线性模型。

① 下沉系数 q

下沉系数与地质采矿条件之间的关联系数如下：松散层厚度 h_s 为 0.71、采厚 m 为 0.86、煤层倾角 α 为 0.80、采深 H 为 0.92、采动程度 n 为 0.91 及推进速度 c 为 0.90。其中，采深对下沉系数的影响最大，而松散层厚度的影响最小。由于所有地质采矿条件的关联系数均大于 0.7，因此选取上述 6 个地质采矿条件建立与下沉系数之间的线性模型：

$$q = -0.0008h_s + 0.0322m - 0.0004\alpha - 0.0006H + 0.4348n - 0.0379c + 1.4343 \tag{4.3.19}$$

其中采动程度的系数最大，且与下沉系数呈正比关系。模型拟合误差 $E_{MS}=0.1704$，模型相对误差 $E_{MAP}=15.27\%$。

② 主要影响角正切值 $\tan\theta$

主要影响角正切值与地质采矿条件之间的关联系数如下：松散层厚度 h_s 为 0.78、采厚 m 为 0.91、煤层倾角 α 为 0.81、采深 H 为 0.91、采动程度 n 为 0.91 及推进速度 c 为 0.92。其中，推进速度对主要影响角正切值的影响最大，而松散层厚度的影响最小。由于所有地质采矿条件的关联系数均大于 0.7，因此选取上述 6 个地质采矿条件建立与主要影响角正切值之间的线性模型：

$$\tan\theta = 0.0000h_s + 0.1181m - 0.0284\alpha - 0.0010H - 3.0044n + 0.1655c + 2.4050 \tag{4.3.20}$$

其中采动程度的系数最大，且与主要影响角正切值呈反比关系。模型拟合误差 $E_{MS}=0.2719$，模型相对误差 $E_{MAP}=13.79\%$。

③ 水平移动系数 b

水平移动系数与地质采矿条件之间的关联系数如下：松散层厚度 h_s 为 0.73、采厚 m 为 0.88、煤层倾角 α 为 0.79、采深 H 为 0.95、采动程度 n 为 0.93 及推进速度 c 为 0.91。其中，采深对水平移动系数的影响最大，而松散层厚度的影响最小。由于所有地质采矿条件的关联系数均大于 0.7，因此选取上述 6 个地质采矿条件建立与水平移动系数之间的线性模型：

$$b = -0.0002h_s + 0.0216m - 0.0012\alpha + 0.0001H - 0.4300n + 0.0128c + 0.3409 \tag{4.3.21}$$

其中采动程度的系数最大，且与水平移动系数呈反比关系。模型拟合误差 $E_{MS}=0.0496$，模型相对误差 $E_{MAP}=12.82\%$。

④ 开采影响传播角 θ_0

开采影响传播角与地质采矿条件之间的关联系数如下：松散层厚度 h_s 为 0.78、采厚 m 为 0.92、煤层倾角 α 为 0.81、采深 H 为 0.90、采动程度 n 为 0.92 及推进速度 c 为 0.90。

其中,采厚和采动程度对开采影响传播角的影响最大,而松散层厚度的影响最小。由于所有地质采矿条件的关联系数均大于 0.7,因此选取上述 6 个地质采矿条件建立与开采影响传播角之间的线性模型:

$$\theta_0 = 0.012\,9h_s - 0.183\,0m - 0.492\,8\alpha - 0.004\,3H - 1.440\,8n + 0.559\,1c + 88.453\,5 \tag{4.3.22}$$

其中采动程度的系数最大,且与开采影响传播角呈反比关系。模型拟合误差 $E_{MS}=2.423\,4$,模型相对误差 $E_{MAP}=2.22\%$。

⑤ 拐点偏移距 s/H

由于拐点偏移距变化范围较大,因此本书以上山、下山方向拐点偏移距的平均值为训练目标,采用灰色关联分析法对其进行分析。根据分析结果,拐点偏移距与地质采矿条件之间的关联系数如下:松散层厚度 h_s 为 0.78、采厚 m 为 0.93、煤层倾角 α 为 0.82、采深 H 为 0.91、采动程度 n 为 0.92 及推进速度 c 为 0.90。其中,采厚对拐点偏移距的影响最大,而松散层厚度的影响最小。由于所有地质采矿条件的关联系数均大于 0.7,因此选取上述 6 个地质采矿条件建立与拐点偏移距 s/H 之间的线性模型:

$$\frac{s}{H} = -0.000\,04h_s - 0.003\,54m - 0.001\,33\alpha - 0.000\,09H - 0.205\,08n - 0.001\,04c + 0.205\,09 \tag{4.3.23}$$

其中采动程度的系数最大,且与 s/H 呈反比关系。模型拟合误差 $E_{MS}=0.019\,5$,模型相对误差 $E_{MAP}=54.97\%$。

(2) 潘集矿区主成分分析结果

采用主成分分析法对潘集矿区工作面的地质采矿条件参数进行处理,其中地质采矿条件包括松散层厚度 h_s、采厚 m、煤层倾角 α、采深 H、采动程度 n(倾向)及推进速度 c,结果如表 4-23 所示。

表 4-23 主成分分析结果

编号	特征值	贡献率/%	累计贡献率/%
1	3.63	73.01	73.01
2	0.95	19.17	92.17
3	0.24	4.80	96.97
4	0.09	1.85	98.82
5	0.04	0.77	99.58
6	0.02	0.42	100.00

由表 4-23 可知,前两项主成分累计贡献率为 92.17%,因此需要对前两项主成分进行分析,则主成分表达式为:

$$y_1 = -0.017\,8h_s - 0.083\,9m - 0.213\,1\alpha + 0.099\,5H - 0.018\,2n + 0.968\,0c$$

$$y_2 = 0.045\,6h_s + 0.025\,3m + 0.953\,0\alpha - 0.103\,2H - 0.173\,2n + 0.220\,2c$$

以主成分为依据,对概率积分模型预计参数进行回归分析,结果如下:

$$q=-0.006\ 57y_1-0.000\ 07y_2+1.274\ 55 \tag{4.3.24}$$

模型拟合误差 $E_{MS}=0.16$，模型相对误差 $E_{MAP}=16.68\%$。

$$\tan\theta=-0.008\ 21y_1-0.013\ 96y_2+1.687\ 63 \tag{4.3.25}$$

模型拟合误差 $E_{MS}=0.371\ 4$，模型相对误差 $E_{MAP}=18.701\ 4\%$。

$$b=0.000\ 47y_1-0.000\ 64y_2+0.278\ 23 \tag{4.3.26}$$

模型拟合误差 $E_{MS}=0.062\ 3$，模型相对误差 $E_{MAP}=16.336\ 1\%$。

$$\theta_0=-0.175\ 63y_1-0.283\ 08y_2+84.860\ 78 \tag{4.3.27}$$

模型拟合误差 $E_{MS}=2.86$，模型相对误差 $E_{MAP}=2.38\%$。

$$\frac{s}{H}=-0.000\ 73y_1-0.000\ 54y_2+0.063\ 38 \tag{4.3.28}$$

模型拟合误差 $E_{MS}=0.019$，模型相对误差 $E_{MAP}=61.491\ 3\%$。

（3）神经网络算法

采用 MATLAB 神经网络工具箱进行神经网络的训练及预测。模型输入数据为地质采矿条件，包括松散层厚度、采厚、煤层倾角、采深、采动程度（倾向）及推进速度；模型输出数据为概率积分模型预计参数，包括下沉系数、主要影响角正切值、水平移动系数、开采影响传播角及拐点偏移距。在训练模型的建立过程中，输入层节点数为 6，输出层节点数为 5；经过试验对比分析，将隐含层神经元个数设置为 6；选取 S 型正切函数 tansig 作为隐含层神经元的激活函数；网络迭代最高次数设置为 5 000 次，期望误差为 $1\times e^{-6}$，学习速率为 0.01。

4.3.3.2 解算结果评价

表 4-24 所示为采用灰色关联分析法及主成分分析法对地质采矿条件进行处理后多元线性回归模型的拟合误差（E_{MS}）及相对误差（E_{MAP}）。

表 4-24 多元线性回归误差对比

方法	q		$\tan\theta$		b		θ_0		s/H	
	E_{MS}	$E_{MAP}/\%$	E_{MS}	$E_{MAP}/\%$	E_{MS}	$E_{MAP}/\%$	E_{MS}	$E_{MAP}/\%$	E_{MS}	$E_{MAP}/\%$
灰色关联分析	0.17	15.27	0.27	13.79	0.05	12.82	2.42	2.22	0.02	54.97
主成分分析	0.16	16.68	0.37	18.70	0.06	16.34	2.86	2.38	0.02	61.49

对比表 4-24 中的数据可知，利用两种方法进行数据分析后的建模误差大致相同。其中，灰色关联分析法对下沉系数、主要影响角正切值、开采影响角、水平移动系数及拐点偏移距的建模精度均高于主成分分析法。

为进一步验证不同算法在概率积分模型预计参数预测中的精度，本书采用潘四矿 11113 工作面和潘二矿 11125 工作面观测站的实测数据作为验证数据集，分别采用第 4.3.2 节中的三种算法对工作面概率积分模型预计参数进行预测，并与实测数据进行对比分析，结果见表 4-25。

表 4-25 测试数据误差分析

参数		实测值		灰色关联分析		主成分分析		神经网络算法	
		11113	11125	11113	11125	11113	11125	11113	11125
q	参数值	1.00	1.15	1.03	1.23	1.04	0.92	0.98	1.28
	绝对误差	/	/	0.03	0.08	0.04	0.23	0.02	0.13
	相对误差/%	/	/	2.78	7.20	1.43	20	1.70	11.30
$\tan\theta$	参数值	1.88	1.56	1.83	1.60	1.64	1.81	1.99	1.41
	绝对误差	/	/	0.05	0.04	0.24	0.25	0.11	0.15
	相对误差/%	/	/	2.74	14.89	10.19	16.03	5.85	9.49
b	参数值	0.32	0.18	0.30	0.19	0.31	0.33	0.36	0.27
	绝对误差	/	/	0.02	0.01	0.01	0.15	0.04	0.09
	相对误差/%	/	/	6.06	6.72	1.86	83.33	12.50	52.04
θ_0	参数值	88.00	86.20	87.27	85.37	83.62	86.78	83.56	74.42
	绝对误差	/	/	0.63	0.83	4.38	0.58	4.44	11.78
	相对误差/%	/	/	0.83	0.96	4.18	0.67	5.05	13.67
s/H	参数值	0.059 5	0.038 4	0.072 2	0.057 8	0.046 9	0.044 6	0.072 2	0.049 4
	绝对误差	/	/	0.012 7	0.019 4	0.012 6	0.006 2	0.012 7	0.011 0
	相对误差/%	/	/	21.35	50.52	34.87	16.15	21.34	28.65

由表 4-25 可知：

(1) 对于下沉系数，三种预测方法中，神经网络算法预测的下沉系数精度最高，其中 11113 工作面相对误差为 1.70%。

(2) 对于主要影响角正切值，主成分分析法的预测误差最大，相比而言，神经网络算法的误差较小且较为稳定。

(3) 对于水平移动系数，利用灰色关联分析法预测的水平移动系数精度最高，而其他两种算法的误差较大。

(4) 对于开采影响传播角，利用灰色关联分析法及主成分分析法的预测结果精度较高且较为稳定，相比而言，神经网络算法的预测精度较低。

(5) 对于拐点偏移距，利用三种方法预计的拐点偏移距结果均出现了较大误差，其中主成分分析法和神经网络算法的精度略高于灰色关联分析法。

4.3.4 谢桥矿区参数

分别利用灰色关联分析法、主成分分析法和神经网络算法对谢桥矿区的概率积分模型预计参数和地质采矿条件的关联性进行分析，获取主要影响因素，然后通过多元线性回归方法建立主要影响因素与概率积分模型预计参数之间的线性模型，并对模型精度进行评价。

4.3.4.1 解算结果

(1) 谢桥矿区灰色关联分析结果

采用灰色关联分析时，需要选用常见且可定量的地质采矿因素作为影响预计参数的因素，选取的地质采矿因素有采厚 m、采深 H、松散层厚度 h_s、煤层倾角 α、走向采动程度

D_1/H（走向长度比采深）、倾向采动程度 D_3/H（倾向长度比采深）、工作面推进速度 c（m/天），概率积分模型预计参数有下沉系数 q、水平移动系数 b、主要影响角正切值 $\tan\theta$、开采影响传播角 θ_0 和拐点偏移距 s/H。根据收集的谢桥矿区观测站资料，可求得整个谢桥矿区影响概率积分模型预计参数的地质采矿因素的相关度，如表 4-26 所示。

表 4-26　谢桥矿区灰色关联度

概率积分模型预计参数	m	α	H	D_1/H	D_3/H	c	h_s
q	0.91	0.84	0.93	0.88	0.88	0.91	0.95
b	0.92	0.84	0.94	0.87	0.87	0.89	0.96
$\tan\theta$	0.92	0.86	0.94	0.87	0.87	0.89	0.94
θ_0	0.89	0.82	0.95	0.88	0.85	0.90	0.95
s/H	0.87	0.86	0.87	0.87	0.86	0.87	0.88

根据计算得到的谢桥矿区的灰色关联度值，可以通过多元线性回归方法建立主要影响因素与概率积分模型预计参数之间的线性模型，从而达到预测的目的。

① 下沉系数 q

根据分析结果，下沉系数与地质采矿条件之间的关联系数如下：采厚 m 为 0.91、煤层倾角 α 为 0.84、采深 H 为 0.93、走向采动程度 D_1/H 为 0.88、倾向采动程度 D_3/H 为 0.88、工作面推进速度 c 为 0.91 和松散层厚度 h_s 为 0.95。其中，松散层厚度对下沉系数的影响最大，而煤层倾角的影响最小。由于所有地质采矿条件的关联系数均大于 0.7，因此选取上述 7 个地质采矿条件建立与下沉系数之间的线性模型：

$$q = 0.012\,7m + 0.005\,8\alpha + 0.000\,4H + 0.037\,2\frac{D_1}{H} + 0.0508\frac{D_3}{H} + 0.037\,8c + 0.000\,8h_s + 0.095\,7 \tag{4.3.29}$$

其中倾向采动程度的系数最大，且与下沉系数呈正比关系。模型拟合误差 $E_{MS}=0.158\,8$，模型相对误差 $E_{MAP}=14.67\%$。

② 水平移动系数 b

根据分析结果，水平移动系数与地质采矿条件之间的关联系数如下：采厚 m 为 0.92、煤层倾角 α 为 0.84、采深 H 为 0.94、走向采动程度 D_1/H 为 0.87、倾向采动程度 D_3/H 为 0.87、工作面推进速度 c 为 0.89 和松散层厚度 h_s 为 0.96。其中以松散层厚度对水平移动系数的影响最大，而煤层倾角的影响最小。由于所有地质采矿条件的关联系数均大于 0.7，因此选取上述 7 个地质采矿条件建立与水平移动系数之间的线性模型：

$$b = 0.016\,2m - 0.007\,2\alpha - 0.000\,03H + 0.008\,9\frac{D_1}{H} + 0.016\,5\frac{D_3}{H} - 0.023\,6c + 0.000\,6h_s + 0.153\,4 \tag{4.3.30}$$

其中工作面推进速度的系数最大，且与水平移动系数呈反比关系。模型拟合误差 $E_{MS}=0.039\,7$，模型相对误差 $E_{MAP}=11.7\%$。

③ 主要影响角正切值 $\tan\theta$

根据分析结果，主要影响角正切值与地质采矿条件之间的关联系数如下：采厚 m 为 0.92、煤层倾角 α 为 0.86、采深 H 为 0.94、走向采动程度 D_1/H 为 0.87、倾向采动程度 D_3/H 为 0.87、工作面推进速度 c 为 0.89 和松散层厚度 h_s 为 0.94。其中，松散层厚度和采深对主要影响角正切值的影响最大，而煤层倾角的影响最小。由于所有地质采矿条件的关联系数均大于 0.7，因此选取上述 7 个地质采矿条件建立与主要影响角正切值之间的线性模型：

$$\tan\theta = 0.060\,4m + 0.004\,9\alpha + 0.000\,7H + 0.020\,9\frac{D_1}{H} + 0.127\,5\frac{D_3}{H} - 0.081\,9c + 0.001\,8h_s + 0.704\,6 \tag{4.3.31}$$

其中倾向采动程度的系数最大，且与主要影响角正切值呈正比关系。模型拟合误差为 $E_{MS}=0.273\,2$，模型相对误差为 $E_{MAP}=12.41\%$。

④ 开采影响传播角 θ_0

根据分析结果，开采影响传播角与地质采矿条件之间的关联系数如下：采厚 m 为 0.89、煤层倾角 α 为 0.82、采深 H 为 0.95、走向采动程度 D_1/H 为 0.88、倾向采动程度 D_3/H 为 0.85、工作面推进速度 c 为 0.90 和松散层厚度 h_s 为 0.95。其中，松散层厚度和采深对开采影响传播角的影响最大，而煤层倾角的影响最小。由于所有地质采矿条件的关联系数均大于 0.7，因此选取上述 7 个地质采矿条件建立与开采影响传播角之间的线性模型：

$$\theta_0 = -0.137\,9m - 0.247\,1\alpha + 0.004\,6H - 0.237\,5\frac{D_1}{H} - 0.156\,0\frac{D_3}{H} + 0.417\,4c - 0.008\,2h_s + 88.339\,6 \tag{4.3.32}$$

其中工作面推进速度的系数最大，且与开采影响传播角呈正比关系。模型拟合误差 $E_{MS}=2.277\,6$，模型相对误差 $E_{MAP}=2.06\%$。

⑤ 拐点偏移距 s/H

根据分析结果，拐点偏移距与地质采矿条件之间的关联系数如下：采厚 m 为 0.87、煤层倾角 α 为 0.86、采深 H 为 0.87、走向采动程度 D_1/H 为 0.87、倾向采动程度 D_3/H 为 0.85、工作面推进速度 c 为 0.87 和松散层厚度 h_s 为 0.88。其中，松散层厚度对开采影响传播角的影响最大，而倾向采动程度的影响最小。由于所有地质采矿条件的关联系数均大于 0.7，因此选取上述 7 个地质采矿条件建立与拐点偏移距之间的线性模型：

$$\frac{s}{H} = -0.006\,73m + 0.001\,24\alpha - 0.000\,06H + 0.006\,40\frac{D_1}{H} - 0.001\,71\frac{D3}{H} - 0.000\,15c + 0.000\,13h_s + 0.027\,87 \tag{4.3.33}$$

其中采厚的系数最大，且与偏移距 s/H 呈反比关系。模型拟合误差 $E_{MS}=0.017\,7$，模型相对误差 $E_{MAP}=28.29\%$。

(2) 谢桥矿区主成分分析结果

采用主成分分析法对谢桥矿区工作面的地质采矿条件参数进行处理，其中地质采矿条件包括采厚 m、采深 H、松散层厚度 h_s、煤层倾角 α、走向采动程度 D_1/H（走向长度比采深）、倾向采动程度 D_3/H（倾向长度比采深）、工作面推进速度 c（m/天）。共收集了 24 个观测站的资料，按照上述计算方法，根据收集的观测站数据进行主成分分析，结果如表 4-27 所示。

表 4-27　谢桥矿区主成分分析结果

编号	特征值	贡献率/%	累计贡献率/%
1	0.412	49.04	49.04
2	0.248	29.55	78.59
3	0.063	7.54	86.13
4	0.049	5.81	91.94
5	0.040	4.73	96.67
6	0.020	2.34	99.01
7	0.008	0.99	100.00

表 4-27 中，前 3 个主成分的累积贡献率已经达到 86.13%，可用其代替原始的 7 个因素进行下一步的运算。通过建立主成分方程，可以只用前 3 个主成分进行后续的分析。前 3 个主成分的表达式分别为：

$$y_1 = 0.1672m + 0.9053\alpha - 0.0516H + 0.0644\frac{D_1}{H} + 0.0451\frac{D_3}{H} - 0.3673c - 0.0932h_s$$

$$y_2 = 0.4018m - 0.0009\alpha - 0.0701H + 0.7740\frac{D_1}{H} + 0.2723\frac{D_3}{H} + 0.3865c - 0.1054h_s$$

$$y_3 = 0.1849m - 0.1550\alpha + 0.6013H + 0.3649\frac{D_1}{H} - 0.4855\frac{D_3}{H} - 0.4234c + 0.1793h_s$$

以 1～3 号主成分为依据，对概率积分模型预计参数进行回归分析，结果如下，模型拟合误差见表 4-28。

$$q = -0.01398y_1 + 0.01289y_2 + 0.00080y_3 + 0.82911 \quad (4.3.34)$$

$$b = 0.00091y_1 - 0.00508y_2 - 0.00040y_3 + 0.13654 \quad (4.3.35)$$

$$\tan\theta = 0.02816y_1 - 0.01562y_2 + 0.00321y_3 + 1.10264 \quad (4.3.36)$$

$$\theta_0 = -0.34666y_1 + 0.23931y_2 - 0.00964y_3 + 88.08723 \quad (4.3.37)$$

$$\frac{s}{H} = 0.00169y_1 - 0.00157y_2 - 0.00004y_3 + 0.04491 \quad (4.3.38)$$

表 4-28　模型拟合误差

参数	E_{MS}	E_{MAP}
q	0.17	15.47
b	0.05	13.03
$\tan\beta$	0.31	13.21
θ_0	2.11	1.98
s/H	0.02	61.08

（3）谢桥矿区神经网络解算方法

采用 MATLAB 神经网络工具箱进行神经网络的训练及预测。输入层包括采厚 m、采深 H、松散层厚度 h_s、煤层倾角 α、走向采动程度 D_1/H（走向长度比采深）、倾向采动程度 D_3/H（倾向长度比采深）、工作面推进速度 c（m/天）；输出层包括下沉系数 q、水平移动系数 b、主要影响角正切值 $\tan\theta$、开采影响传播角 θ_0、拐点偏移距 s/H。采用单隐含层 BP 神经网络，并采用多输入单输出网络结构。为提高泛化性能，隐含层节点数设置为 4，选取 S 型正切函数 tansig 作为隐含层神经元的激活函数；网络迭代最高次数设置为 5 000 次，期望误差为 $1\times e^{-6}$，学习速率为 0.01，建立 5 个预测模型分别进行独立解算。

4.3.4.2　解算结果评价

表 4-29 所示为采用灰色关联分析回归模型与主成分分析回归模型对地质采矿条件进行处理后的拟合误差（E_{MS}）及相对误差（E_{MAP}）。

表 4-29　回归分析误差对比结果

方法	q		b		$\tan\theta$		θ_0		s/H	
	E_{MS}	E_{MAP}/%	E_{MS}	E_{MAP}/%	E_{MS}	E_{MAP}/%	E_{MS}	E_{MAP}/%	E_{MS}	E_{MAP}/%
灰色关联分析	0.159 0	14.67	0.040 0	11.70	0.273	12.41	2.278 0	2.06	0.017 7	28.29
主成分分析	0.170 3	15.47	0.047 7	13.03	0.305	13.21	2.107 8	1.98	0.024 7	61.08

对比表 4-29 中的数据可知，利用两种方法进行数据分析后的建模误差大致相同。对于拐点偏移距预测模型，灰色关联分析回归方法在回归的过程中可以剔除误差较大的点，而主成分分析回归方法则较难剔除。整体来说，灰色关联分析回归模型精度略高于主成分分析回归模型，更适用于谢桥矿区。

为进一步验证三种预测模型在谢桥矿区的适用性，选取谢桥矿区样本中的丁集矿 1141(3)工作面和 1311(1)工作面的概率积分模型预计参数作为验证集，取其他工作面的数据进行建模，并与实测数据进行对比分析，取绝对误差和相对误差作为精度评判标准，结果见表 4-30。

表 4-30　测试数据误差分析（谢桥矿区）

参数		实测值		灰色关联分析		主成分分析		神经网络算法	
		1111(3)	1311(1)	1141(3)	1311(1)	1141(3)	1311(1)	1141(3)	1311(1)
q	参数值	1.10	1.16	1.15	1.10	0.97	0.92	0.99	1.02
	绝对误差	/	/	0.05	0.06	0.13	0.24	0.11	0.14
	相对误差/%	/	/	4.55	5.17	11.82	20.69	10.00	12.07
b	参数值	0.38	0.32	0.35	0.39	0.34	0.39	0.35	0.34
	绝对误差	/	/	0.03	0.07	0.04	0.07	0.03	0.02
	相对误差/%	/	/	7.89	21.88	10.53	21.88	7.89	6.25
$\tan\theta$	参数值	1.80	1.80	2.05	1.86	2.08	2.26	2.14	1.98
	绝对误差	/	/	0.25	0.06	0.28	0.46	0.34	0.18
	相对误差/%	/	/	13.89	3.33	15.56	25.56	18.89	10.00

表4-30(续)

参数		实测值		灰色关联分析		主成分分析		神经网络算法	
		1111(3)	1311(1)	1141(3)	1311(1)	1141(3)	1311(1)	1141(3)	1311(1)
θ_0	参数值	88.30	89.30	86.50	88.40	86.80	88.10	87.74	87.41
	绝对误差	/	/	1.80	0.90	1.50	1.20	0.56	1.89
	相对误差/%	/	/	2.04	1.01	1.70	1.34	0.63	2.12
s/H	参数值	0.051 9	0.021 6	0.055 8	0.041 0	0.043 1	0.036 7	0.046 6	0.017 7
	绝对误差	/	/	0.003 9	0.019 4	0.008 8	0.015 1	0.005 3	0.003 9
	相对误差/%	/	/	7.51	89.81	16.96	69.91	10.21	18.06

由表4-30可知：

(1) 对于下沉系数，三种预测方法中，灰色关联分析回归法预测精度最高，神经网络算法次之。

(2) 对于水平移动系数，主成分分析回归法预测值的偏差最大，最大相对误差可达21.88%。相比较来说，灰色关联分析法和神经网络算法预测值更加稳定，且误差较小。

(3) 对于主要影响角正切值，利用灰色关联分析法预测的主要影响角正切值精度最高，优于其他两种方法。

(4) 对于开采影响传播角，三种预测方法的精度都在允许的范围内。

(5) 对于拐点偏移距，在预测点上，神经网络算法的精度高于其他两种方法。

部分预测参数的相对误差较大，这是由于概率积分模型参数本身量级较小，较小的偏差值便会导致较大的相对误差。通过观察，绝对误差均在可控范围内，对预测的参数应用影响不大。

4.3.5 淮南矿区参数

综合潘集矿区和谢桥矿区所有观测站的数据，分别利用灰色关联分析法、主成分分析法和神经网络算法对整个淮南矿区的概率积分模型预计参数和地质采矿条件的关联性进行分析，获取主要影响因素，然后通过多元线性回归方法建立主要影响因素与概率积分模型预计参数之间的线性模型，并对模型精度进行评价。

4.3.5.1 解算结果

(1) 淮南矿区灰色关联分析结果

采用灰色关联分析时，需要选用常见且可定量的地质采矿因素作为影响预计参数的因素，地质采矿因素主要为采厚 m、采深 H、松散层厚度 h_s、煤层倾角 α、走向采动程度 D_1/H(走向长度比采深)、倾向采动程度 D_3/H(倾向长度比采深)、工作面推进速度 c(m/天)，概率积分模型预计参数有下沉系数 q、水平移动系数 b、主要影响角正切值 $\tan\theta$、开采影响传播角 θ_0 和拐点偏移距 s/H。根据收集的淮南矿区(包括潘集矿区和谢桥矿区)观测站资料，可求得淮南矿区影响概率积分模型预计参数的地质采矿因素的相关度，如表4-31所示。

表 4-31　淮南矿区灰色关联度

概率积分模型预计参数	m	α	H	D_1/H	D_3/H	c	h_s
q	0.94	0.88	0.93	0.91	0.93	0.91	0.95
b	0.93	0.86	0.95	0.89	0.91	0.89	0.94
$\tan\theta$	0.93	0.87	0.94	0.89	0.91	0.90	0.95
θ_0	0.96	0.87	0.94	0.91	0.92	0.89	0.96
s/H	0.89	0.87	0.89	0.89	0.88	0.88	0.90

根据计算得到的淮南矿区的灰色关联度值，可以通过多元线性回归方法建立主要影响因素与概率积分模型预计参数之间的线性模型，从而达到预测的目的。

① 下沉系数 q

根据分析结果，下沉系数与地质采矿条件之间的关联系数如下：采厚 m 为 0.94、煤层倾角 α 为 0.88、采深 H 为 0.93、走向采动程度 D_1/H 为 0.91、倾向采动程度 D_3/H 为 0.93、工作面推进速度 c 为 0.91 和松散层厚度 h_s 为 0.95。其中，松散层厚度对下沉系数的影响最大，而煤层倾角的影响最小。由于所有地质采矿条件的关联系数均大于 0.7，因此选取上述 7 个地质采矿条件建立与下沉系数之间的线性模型：

$$q = 0.016\ 74m + 0.001\ 71\alpha + 0.000\ 01H + 0.052\ 49\frac{D_1}{H} + 0.090\ 18\frac{D_3}{H} - 0.009\ 80c + 0.000\ 47h_s + 0.617\ 76 \tag{4.3.39}$$

其中倾向采动程度的系数最大，且与下沉系数呈正比关系。模型拟合误差 $E_{MS}=0.18$，模型相对误差 $E_{MAP}=17.01\%$。

② 水平移动系数 b

根据分析结果，水平移动系数与地质采矿条件之间的关联系数如下：采厚 m 为 0.93、煤层倾角 α 为 0.86、采深 H 为 0.95、走向采动程度 D_1/H 为 0.89、倾向采动程度 D_3/H 为 0.91、工作面推进速度 c 为 0.89 和松散层厚度 h_s 为 0.94。其中，以采深对水平移动系数的影响最大，而煤层倾角的影响最小。由于所有地质采矿条件的关联系数均大于 0.7，因此选取上述 7 个地质采矿条件建立与水平移动系数之间的线性模型：

$$b = 0.007\ 95m - 0.000\ 54\alpha + 0.000\ 19H - 0.009\ 87\frac{D_1}{H} - 0.024\ 39\frac{D_3}{H} - 0.001\ 44c + 0.000\ 00h_s + 0.226\ 36 \tag{4.3.40}$$

其中倾向采动程度的系数最大，且与水平移动系数呈反比关系。模型拟合误差 $E_{MS}=0.057\ 6$，模型相对误差 $E_{MAP}=14.83\%$。

③ 主要影响角正切值 $\tan\theta$

根据分析结果，主要影响角正切值与地质采矿条件之间的关联系数如下：采厚 m 为 0.93、煤层倾角 α 为 0.87、采深 H 为 0.94、走向采动程度 D_1/H 为 0.89、倾向采动程度 D_3/H 为 0.91、工作面推进速度 c 为 0.90 和松散层厚度 h_s 为 0.95。其中，松散层厚度对主要影响角正切值的影响最大，而煤层倾角的影响最小。由于所有地质采矿条件的关联系数均大于 0.7，因此选取上述 7 个地质采矿条件建立与主要影响角正切值之间的线性模型：

$$\tan\theta = 0.1129m - 0.0150\alpha + 0.0008H - 0.0645\frac{D_1}{H} + 0.0265\frac{D_3}{H} - 0.0093c + 0.0011h_s + 0.8773 \tag{4.3.41}$$

其中采厚的系数最大，且与主要影响角正切值呈正比关系。模型拟合误差 $E_{MS}=0.3120$，模型相对误差 $E_{MAP}=14.51\%$。

④ 开采影响传播角 θ_0

根据分析结果，开采影响传播角与地质采矿条件之间的关联系数如下：采厚 m 为 0.96、煤层倾角 α 为 0.87、采深 H 为 0.94、走向采动程度 D_1/H 为 0.91、倾向采动程度 D_3/H 为 0.92、工作面推进速度 v 为 0.89 和松散层厚度 h_s 为 0.96。其中，松散层厚度和采厚对开采影响传播角的影响最大，而煤层倾角的影响最小。由于所有地质采矿条件的关联系数均大于 0.7，因此选取上述 7 个地质采矿条件建立与开采影响传播角之间的线性模型：

$$\theta_0 = 0.0675m - 0.4665\alpha - 0.0020H + 0.1573\frac{D_1}{H} + 0.5453\frac{D_3}{H} + 0.0533c + 0.0052h_s + 87.9144 \tag{4.3.42}$$

其中倾向采动程度系数最大，且与开采影响传播角呈正比关系。模型拟合误差 $E_{MS}=2.5446$，模型相对误差 $E_{MAP}=2.28\%$。

⑤ 拐点偏移距 s/H

根据分析结果，拐点偏移距与地质采矿条件之间的关联系数如下：采厚 m 为 0.89、煤层倾角 α 为 0.87、采深 H 为 0.89、走向采动程度 D_1/H 为 0.89、倾向采动程度 D_3/H 为 0.88、工作面推进速度 c 为 0.88 和松散层厚度 h_s 为 0.90。其中，松散层厚度的影响最大，而煤层倾角的影响最小。由于所有地质采矿条件的关联系数均大于 0.7，因此选取上述 7 个地质采矿条件建立与拐点偏移距之间的线性模型：

$$\frac{s}{H} = -0.00357m - 0.00014\alpha - 0.00003H + 0.00221\frac{D_1}{H} - 0.00649\frac{D_3}{H} - 0.00092c + 0.00000h_s + 0.07932 \tag{4.3.43}$$

其中倾向采动程度系数最大，且与拐点偏移距呈反比关系。模型拟合误差 $E_{MS}=0.0203$，模型相对误差 $E_{MAP}=47.19\%$。

(2) 淮南矿区主成分分析结果

采用主成分分析法对淮南矿区工作面的地质采矿条件参数进行处理，其中地质采矿条件包括采厚 m、采深 H、松散层厚度 h_s、煤层倾角 α、走向采动程度 D_1/H（走向长度比采深）、倾向采动程度 D_3/H（倾向长度比采深）、工作面推进速度 c（m/天）。根据收集的观测站数据进行主成分分析，结果表 4-32 所示。

表 4-32　淮南矿区主成分分析结果

编号	特征值	贡献率/%	累计贡献率/%
1	0.412	58.94	58.94
2	0.248	24.78	83.72

表4-32(续)

编号	特征值	贡献率/%	累计贡献率/%
3	0.063	9.04	92.76
4	0.049	3.03	95.79
5	0.040	1.84	97.63
6	0.020	1.62	99.25
7	0.008	0.75	100.00

表4-32中,前3个主成分的累积贡献率已经达到92.76%,可用其代替原始的7个因素进行下一步的运算。通过建立主成分方程,可以只用前3个主成分进行后续的分析,这样虽然会有一定的信息损失,但是损失量不大,不影响大局。前3个主成分的表达式分别为:

$$y_1 = -0.0629m - 0.3062\alpha + 0.0815H + 0.0202\frac{D_1}{H} - 0.0039\frac{D_3}{H} + 0.9461c - 0.0094h_s$$

$$y_2 = 0.0036m + 0.9280\alpha - 0.0485H - 0.1474\frac{D_1}{H} - 0.1314\frac{D_3}{H} + 0.3068c - 0.0575h_s$$

$$y_3 = 0.4183m + 0.1428\alpha - 0.1887H + 0.8034\frac{D_1}{H} + 0.3377\frac{D_3}{H} + 0.0752c + 0.0618h_s$$

以1~3号主成分为依据,对概率积分模型预计参数进行回归分析,结果如下,拟合误差见表4-33。

$$q = -0.0074y_1 - 0.0063y_2 - 0.0001y_3 + 1.0646 \tag{4.3.44}$$

$$b = -0.0016y_1 - 0.0007y_2 - 0.0015y_3 + 0.24423 \tag{4.3.45}$$

$$\tan\theta = -0.00761y_1 - 0.01776y_2 - 0.00208y_3 + 1.34198 \tag{4.3.46}$$

$$\theta_0 = 0.20287y_1 - 0.27541y_2 + 0.15716y_3 + 78.01585 \tag{4.3.47}$$

$$\frac{s}{H} = -0.00094y_1 - 0.00012y_2 - 0.00031y_3 + 0.05689 \tag{4.3.48}$$

表4-33 模型拟合误差

参数	E_{MS}	E_{MAP}
q	0.21	19.25
b	0.06	16.33
$\tan\beta$	0.39	17.51
θ_0	2.50	2.29

表4-33(续)

参数	E_{MS}	E_{MAP}
s/H	0.02	64.61

(3) 淮南矿区神经网络解算方法

采用 MATLAB 神经网络工具箱进行神经网络的训练及预测。输入层为采厚 m、采深 H、松散层厚度 h_s、煤层倾角 α、走向采动程度 D_1/H(走向长度比采深)、倾向采动程度 D_3/H(倾向长度比采深)、工作面推进速度 c(m/天);输出层为下沉系数 q、水平移动系数 b、主要影响角正切值 $\tan\theta$、开采影响传播角 θ_0、拐点偏移距 s/H。采用单隐含层 BP 神经网络,并采用多输入单输出网络结构。为提高泛化性能,隐含层节点数设置为 4,选取 S 型正切函数 tansig 作为隐含层神经元的激活函数;网络迭代最高次数设置为 5 000 次,期望误差为 $1\times e^{-6}$,学习速率为 0.01,建立 5 个预测模型分别进行独立解算。

4.3.5.2 解算结果评价

表 4-34 所示为采用灰色关联分析回归模型与主成分分析回归模型对地质采矿条件进行处理后的拟合误差(E_{MS})及相对误差(E_{MAP})。对比表 4-34 中的数据可知,利用两种方法进行数据分析后的建模误差大致相同。对于下沉系数和拐点偏移距预测模型,灰色关联分析回归方法在回归精度上高于主成分分析回归法。整体来说,灰色关联分析回归模型精度高于主成分分析回归模型。

表 4-34 回归分析误差对比结果(淮南矿区)

方法	q		b		$\tan\theta$		θ_0		s/H	
	E_{MS}	E_{MAP}/%	E_{MS}	E_{MAP}/%	E_{MS}	E_{MAP}/%	E_{MS}	E_{MAP}/%	E_{MS}	E_{MAP}/%
灰色关联分析	0.180	17.01	0.058	14.83	0.312	14.5	2.545	2.28	0.020 3	47.19
主成分分析	0.207	19.25	0.064	16.33	0.387	17.5	2.494	2.29	0.024 7	64.61

为进一步验证三种预测模型在淮南矿区的适用性,选取淮南矿区样本中的潘三矿 1622(3)和丁集矿 1311(1)两个工作面的概率积分模型预计参数作为验证集,取其他工作面的数据进行建模,并取绝对误差和相对误差作为精度评判标准,结果见表 4-35。

表 4-35 测试数据误差分析(淮南矿区)

参数		实测值		灰色关联分析		主成分分析		神经网络算法	
		1622(3)	1311(1)	1622(3)	1311(1)	1622(3)	1311(1)	1622(3)	1311(1)
q	参数值	1.02	1.16	1.04	0.96	1.01	0.89	1.05	0.99
	绝对误差	/	/	0.02	0.20	0.01	0.27	0.03	0.17
	相对误差/%	/	/	1.96	17.24	0.98	23.28	2.94	14.66

表4-35(续)

参数		实测值		灰色关联分析		主成分分析		神经网络算法	
		1622(3)	1311(1)	1622(3)	1311(1)	1622(3)	1311(1)	1622(3)	1311(1)
b	参数值	0.32	0.32	0.32	0.37	0.32	0.36	0.33	0.34
	绝对误差	/	/	0	0.05	0	0.04	0.01	0.02
	相对误差/%	/	/	0	15.63	0	12.50	3.13	6.25
$\tan\theta$	参数值	2.34	1.80	1.96	2.22	1.92	2.03	2.44	1.98
	绝对误差	/	/	0.38	0.42	0.42	0.23	0.10	0.18
	相对误差/%	/	/	16.24	23.33	17.95	12.78	4.27	10.00
θ_0	参数值	86.2	89.3	85.9	88.7	85.8	88.6	87.2	87.9
	绝对误差	/	/	0.3	0.6	0.4	0.7	1.0	1.4
	相对误差/%	/	/	0.35	0.67	0.46	0.78	1.16	1.57
s/H	参数值	0.033 6	0.021 6	0.045 5	0.043 5	0.045 0	0.042 9	0.039 4	0.039 4
	绝对误差	/	/	0.011 9	0.021 9	0.011 4	0.021 3	0.005 8	0.017 8
	相对误差/%	/	/	35.42	101.39	33.93	98.61	17.26	82.41

由表4-35可知：

(1) 对于下沉系数，三种预测方法中，神经网络算法的预测精度最高，灰色关联分析法次之，且与主成分分析法预测精度相当。

(2) 对于水平移动系数，灰色关联分析预测值的偏差最大，最大相对误差可达15.63%。相比较来说，主成分分析法和神经网络算法预测值更加稳定，且误差较小。

(3) 对于主要影响角正切值，利用神经网络算法预测的主要影响角正切值精度最高，优于其他两种方法。

(4) 对于开采影响传播角，三种预测方法的精度都在允许的范围内。

(5) 对于拐点偏移距，在预测点上，神经网络算法的精度高于其他两种方法。

部分预测参数的相对误差较大，这是由于概率积分模型参数本身量级较小，较小的偏差值便会导致较大的相对误差。

本书收集的淮南矿区观测站数据较多，神经网络算法表现出较强的优越性。整体而言，绝对误差均在可控范围内，对预测的参数应用影响不大。

5 地表移动变形预计优化模型

开采引起的地表移动变形预计，是煤矿生产中一项日常性的技术工作。国内常用的开采沉陷预计模型——概率积分预计模型能很好地描述薄松散层下开采引起的地表移动变形规律。但对于厚(巨厚)松散层下开采，概率积分预计模型存在预计下沉曲线边界至拐点部分收敛过快而导致与实际下沉曲线差异较大的问题。本章在简要介绍目前国内常用的概率积分预计模型的基础上，建立适于淮南潘谢矿区巨厚松散层下开采的区域开采沉陷参数解算模型、优化概率积分预计模型及其相应算法，以提高沉陷边界与拐点部分预计下沉与实际下沉的符合精度，为矿区安全生产、保护煤柱留设、村庄搬迁、生态环境治理等提供技术支撑。

5.1 概率积分预计模型

概率积分模型是刘宝琛、廖国华等中国学者根据波兰学者 Litwiniszyn(利特维尼)在 20 世纪 50 年代提出的随机介质理论发展而来的。由于其推导过程的主要特点为概率积分计算，因此被称为概率积分模型。该方法通过利用数学函数结构和机制结构模型，推导并计算一系列与地表移动变形有关的函数表达式，已成为分析和研究开采移动变形规律的最普遍方法之一，也是使用最广泛的方法之一。

5.1.1 概率积分预计模型基本原理

(1) 随机介质理论

通过研究开采过程中地表和内部岩石层的变化而构建的理论模型大致分为两类：连续介质模型和非连续介质模型。连续介质模型假设内部岩石层是连续的，并且在地表变形期间各单元之间存在连续关系。非连续介质模型假设内部岩石层是非连续的，各单元之间存在相对移动。波兰学者 Litwiniszyn 受此模型启发，在岩石表面变形分析中引入粒状介质的力学原理。根据随机介质理论，岩层中的颗粒介质是非连续的，可以相对移动，并且移动是随机的。在研究随机介质理论的理论模型时，可以利用图 5-1 对其进行分析。

如图 5-1 所示，假设岩层中的介质为质量、形状和大小都相同的颗粒，即图 5-1 中的球形颗粒。这些球形颗粒被放在一个底部有漏洞的箱子中，当底部的球被拿走后，由于重力的作用，这个球上方的一层附近的球就会以相同的概率随机掉进被拿走小球所产生的空位。例如，若拿走第一分层中的小球 a_1，则该位置产生一个空位，其上方第二分层中的 a_2 或 b_2 小球由于重力作用有一个会掉入 a_1 原来所在的格子，且这两个小球掉入的概率都是 1/2。假设掉入 a_1 格子的小球为 a_2，则该位置又出现空缺，第三分层中的 a_3 或 b_3 小球由于重力作用会以相同的 1/2 概率掉入 a_2 小球的原位置；假设掉入 a_1 格子的小球为 b_2，则第三分层

中的 b_3 或 c_3 小球将会以相同的 1/2 概率掉入 b_2 小球的原位置。由概率的相加相乘原理可知，小球 a_1 被拿走后，引起第三分层中的 a_3、b_3、c_3 三个小球掉落的概率分别为 1/4、2/4、1/4；第四分层中的 a_4、b_4、c_4 或 d_4 小球掉落的概率分别为 1/8、3/8、3/8、1/8；以此类推，具体概率计算结果见图 5-1。从图 5-1 中的概率分布曲线可以看出，其分布方式接近正态分布。

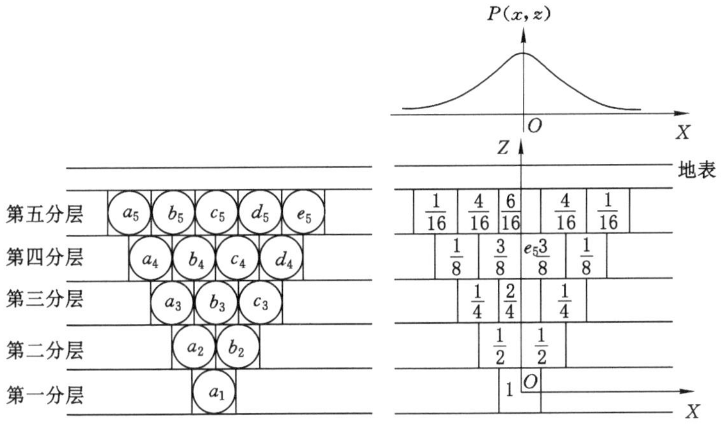

图 5-1　随机介质理论的颗粒介质模型

(2) 单元开采地表移动变形预计

概率积分模型的原理是随机介质理论，该理论认为，岩层中的大量颗粒介质之间存在相对移动且具有随机性。不同位置地表点的下沉情况被视为地下被采空的所有颗粒对其影响的加权叠加，一个地表点的下沉值与该点在地表下沉盆地中所处的位置有直接关系。因此，在开始计算前，建立一个合适的坐标系很重要。

如图 5-2 所示，Ao_1B 代表一个地下煤层。由于煤壁顶板的悬臂作用，概率积分模型中有拐点偏移距(S_i)的定义——真实的地表下沉盆地形状，更加符合经过拐点偏移距调整后的、理想煤层采空后按照概率积分模型预计的下沉。图 5-2 中的 Co_2D 平面代表理想煤层，则点 o_2 为采空区坐标系的原点，点 o_2 所对应的地表点 o 设为地面坐标系的坐标原点。若不考虑高程，则任意二维点在两个坐标系下的坐标是相同的。

根据随机介质模型，在二维情况下，假设煤层坐标系原点 o_2 处存在一个开采单元，则引起地表点 $A(x,y)$ 在 x 轴方向(即走向方向)的下沉表达式为：

$$W_e(x,z)=\frac{1}{r}e^{-\pi\frac{x^2}{r^2}} \tag{5.1.1}$$

式中，r 为该开采单元的主要影响半径，主要与采深有关。

(3) 半无限开采地表移动变形预计

半无限开采是指从开切眼开始、开采范围无限延伸的开采方式，图 5-3 所示为半无限开采时走向主断面的地表沉降与水平移动情况。图 5-3 中，"1"位置为煤壁，"2" 位置为假设的开采单元，"3"位置为煤层顶板在下沉前的原始位置，"4"位置为假设的煤层顶板下沉后的位置；m 代表开采的煤层厚度，H 代表开采深度；以开采的煤壁位置"1"所对应的地表点 o 为原点，以煤层的掘进方向为 x 轴，以与地表垂直向下的方向为 y 轴建立直角坐标系。

若开采煤层为单位厚度的半无限开采，则横坐标为 x 的地表点下沉值(水平移动值)应

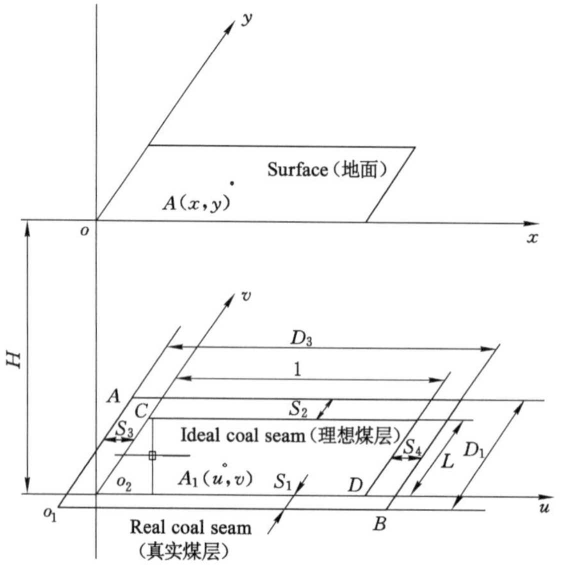

图 5-2　煤层坐标系和地面坐标系

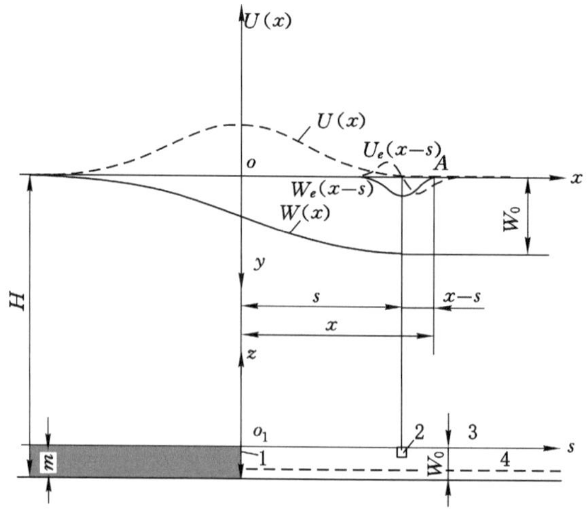

图 5-3　半无限开采时走向主断面的地表沉降与水平移动情况

为该半无限开采从 $s\to\infty$ 的范围内所有单元开采对该点所造成的变形值的累积。用积分模型表示该累加值 $W_s(x)$，则有：

$$W_s(x)=\int_0^{\infty}\frac{1}{r}e^{-\pi\frac{(x-s)^2}{r^2}}ds \tag{5.1.2}$$

式中，x 表示地表待求下沉值点的横坐标，s 表示采空单元的横坐标。

若现实开采时采空的煤层厚度为 m，在采空时，地表最大沉降量不一定正好是 m，而会受到地质采矿条件的影响，其一般小于 m。定义一个下沉系数 q，用来表示地质采矿条件对下沉值的影响，再加上煤层相对水平地面一般会存在一个倾斜角 α，则最大沉降量应为 $W_0=mq\cos\alpha$。由此可知，横坐标为 x 的地表点的下沉值 $W(x)$ 为：

$$W_s(x)=\int_0^{\infty}\frac{1}{r}\mathrm{e}^{-\pi\frac{(x-s)^2}{r^2}}\mathrm{d}s=\frac{W_0}{2}\left[\operatorname{erf}\left(\frac{\sqrt{\pi}}{r}x\right)+1\right] \tag{5.1.3}$$

式中，

$$\operatorname{erf}\left(\frac{\sqrt{\pi}}{r}x\right)=\frac{2}{\sqrt{\pi}}\int_0^{\frac{\sqrt{\pi}}{r}x}\mathrm{e}^{-u^2}\mathrm{d}u \tag{5.1.4}$$

对式(5.1.3)中的 x 取一阶导数，可以得到地表倾斜值 $i(x)$：

$$i(x)=\frac{\mathrm{d}W(x)}{\mathrm{d}x}=\frac{W_0}{2}\frac{\mathrm{d}}{\mathrm{d}x}\left[\operatorname{erf}\left(\frac{\sqrt{\pi}}{r}x\right)+1\right]=\frac{W_0}{\sqrt{\pi}}\frac{\mathrm{d}}{\mathrm{d}x}\left[\int_0^{\frac{\sqrt{\pi}}{r}x}\mathrm{e}^{-u^2}\mathrm{d}u\right]=\frac{W_0}{r}\mathrm{e}^{-\pi\frac{x^2}{r^2}} \tag{5.1.5}$$

对式(5.1.5)中的 x 取一阶导数，可以得到地表曲率值 $K(x)$：

$$K(x)=\mathrm{d}i(x)=-\frac{2\pi W_0}{r^3}x\mathrm{e}^{-\pi\frac{x^2}{r^2}} \tag{5.1.6}$$

同理，地表任意点的水平移动值 $U(x)$ 为：

$$U(x)=bW_0\mathrm{e}^{-\pi\frac{x^2}{r^2}}=bri(x) \tag{5.1.7}$$

式中，b 为水平移动系数。

对式(5.1.7)中的 x 取一阶导数，可以得到水平变形值 $\varepsilon(x)$：

$$\begin{aligned}\varepsilon(x)&=\frac{\mathrm{d}U(x)}{\mathrm{d}x}=br\frac{\mathrm{d}i(x)}{\mathrm{d}x}\\&=br\cdot K(x)=-\frac{2\pi bW_0}{r^2}x\mathrm{e}^{-\pi\frac{x^2}{r^2}}\end{aligned} \tag{5.1.8}$$

(4) 有限开采时地表走向主断面移动和变形预计

在实际开采中，一般不存在半无限的煤矿开采情况，而是进行有限开采。有限开采的计算原理如图 5-3 所示，假设有半无限开采 $A\to\infty$ 和半无限开采 $B\to\infty$，则开采范围为 $A\to B$ 时，可以等价为 $A\to\infty$ 的半无限开采减去 $B\to\infty$ 的半无限开采。因此，有限开采时计算地表移动变形的数学模型应为：

$$\begin{cases}W_0(x)=W(x)-W(x-l)\\i_0(x)=i(x)-i(x-l)\\K_0(x)=K(x)-K(x-l)\\U_0(x)=U(x)-U(x-l)\\\varepsilon_0(x)=\varepsilon(x)-\varepsilon(x-l)\end{cases} \tag{5.1.9}$$

式中，$l=D_3-S_3-S_4$，为开采工作面的计算走向长度，D_3 为开采工作面的实际走向长度，S_3 为左边界拐点偏移距，S_4 为右边界拐点偏移距。

(5) 有限开采时地表倾向主断面移动和变形预计

当开采煤层的走向方向达到充分开采，但倾向方向未达到充分开采时(图 5-4)，其计算原理与走向方向的计算原理相似。

其数学模型为：

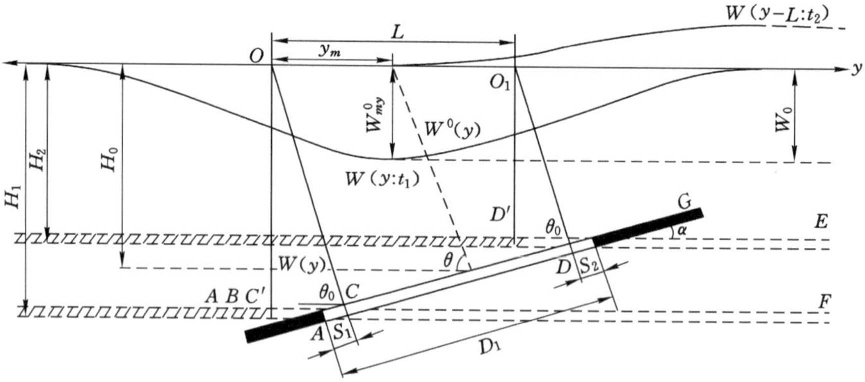

图 5-4 倾向主断面有限开采时地表移动和变形的计算原理

$$\begin{cases}W_0(y)=W(y;t_1)-W(y-L;t_2)\\ i_0(y)=i(y;t_1)-i(y-L;t_2)\\ K_0(y)=K(y;t_1)-K(y-L;t_2)\\ U_0(y)=U(y;t_1)-U(y-L;t_2)\\ \varepsilon_0(y)=\varepsilon(y;t_1)-\varepsilon(y-L;t_2)\end{cases} \tag{5.1.10}$$

式中，y 为待求点的纵坐标；t_1 和 t_2 分别为倾向上山方向下的计算参数和下山方向下的计算参数；L 为开采工作面的计算倾向长度，其计算公式为：

$$L=(D_1-S_1-S_2)\frac{\sin(\theta_0+\alpha)}{\sin\theta_0} \tag{5.1.11}$$

$$r=H/\tan\beta \tag{5.1.12}$$

式中，D_1 为开采工作面的实际倾向长度，S_1 为下山拐点偏移距，S_2 为上山拐点偏移距；H 为煤层采深，$\tan\beta$ 为主要影响角正切值。

(6) 地表移动盆地内任意点移动和变形预计

若开采煤层为近水平煤层，沿工作面走向方向与工作面倾向方向全部达到充分采动，则计算地表点 $P(x,y)$ 的移动变形值的数学模型为：

$$\begin{cases}W(x,y)=\frac{1}{W_0}W_0(x)W_0(y)\\ i(x,y,\varphi)=\frac{1}{W_0}[i_0(x)W_0(y)\cos\varphi+W_0(x)i_0(y)\sin\varphi]\\ K(x,y,\varphi)=\frac{1}{W_0}[K_0(x)W_0(y)\cos^2\varphi+K_0(y)W_0(x)\sin^2\varphi+i_0(x)i_0(y)\sin 2\varphi]\\ U(x,y,\varphi)=\frac{1}{W_0}[U_0(x)W_0(y)\cos\varphi+U_0(y)W_0(x)\sin\varphi]\\ \varepsilon(x,y,\varphi)=\frac{1}{W_0}\{\varepsilon_0(x)W_0(y)\cos^2\varphi+\varepsilon_0(y)W_0(x)\sin^2\varphi+\\ \qquad [U_0(x)i_0(y)+U_0(y)i_0(x)]\sin\varphi\cos\varphi\}\end{cases} \tag{5.1.13}$$

式中，φ 为从 x 轴方向开始按逆时针旋转到指定计算方向所经过的角度。

5.1.2 参数释义

根据第 5.1.1 节的分析，可总结出计算地表点的移动变形值所需要的参数：表征地质采矿条件对最大下沉值影响的下沉系数 q，表征地质采矿条件对最大水平移动值影响的水平移动系数 b，主要影响角正切值 $\tan\beta$，以及四个方向的拐点偏移距 S_1、S_2、S_3 和 S_4。

(1) 下沉系数 q

下沉系数 q 表示当工作面走向方向与工作面倾向方向都达到充分开采时，地表的最大下沉值与开采煤层厚度的比值，其大小主要由工作面地质采矿条件决定(如顶板管理办法与冲积层厚度)，取值范围一般为 0.5～1.0。其计算公式为：

$$q = W_0/(m\cos\alpha) \tag{5.1.14}$$

(2) 水平移动系数 b

水平移动系数 b 表示当工作面走向方向与工作面倾向方向都达到充分开采时，地表水平移动最大值与地表下沉最大值的比值。决定参数 b 大小的因素主要为开采煤层的厚度和松散层厚度等地质采矿条件，取值范围一般为 0.2～0.4。其计算公式为：

$$b = U_0/W_0 \tag{5.1.15}$$

(3) 开采影响传播角 θ_0

开采影响传播角 θ_0 是计算工作面倾向方向的移动变形值时所特有的一个参数，其取值主要受到开采煤层倾角的影响，计算公式为：

$$\theta_0 = 90^\circ - k\alpha \tag{5.1.16}$$

式中，k 为取值系数，其大小主要受到覆岩坚硬程度的影响，取值范围一般为 0.5～0.8。

(4) 主要影响角正切值 $\tan\beta$

采煤工作面的采深与工作面的主要影响半径之比，称为主要影响角正切值($\tan\beta$)。$\tan\beta$ 的取值主要受到上覆岩层岩性和采煤工作面开采深度的影响，取值范围一般为 1.2～2.6，其计算公式为：

$$\tan\beta = H/r \tag{5.1.17}$$

(5) 拐点偏移距 S

下沉曲线的拐点往往不位于工作面开采边界的正上方，而向采空区方向偏移，拐点与工作面边界之间的距离称为拐点偏移距 S。其取值主要由工作面上覆岩层的岩性以及工作面开采深度等因素决定。S_1、S_2 为下山方向和上山方向的拐点偏移距，S_3、S_4 为左边界和右边界的拐点偏移距。其取值范围一般为(0.05～0.3)H。

5.1.3 模矢法求参原理

目前，概率积分预计模型的求参方法主要有特征点求参、曲线拟合求参、空间拟合求参、正交试验求参、遗传算法求参和模矢法求参等，模矢法在求参准确度、稳定性、求参速度和解决任意形状工作面求参问题方面具有明显的优势。

模矢法(Pattern Search)是一种求解无约束极值问题的方法，由胡克(Hooke)和基夫斯(Jeeves)于 1961 年提出，是一种直接法。

(1) 基本原理

图 5-5 所示为模矢法基本原理，假定欲求某实值函数 $f(x)$ 的极小点，为此任选一基点 $\boldsymbol{B}_1$（初始近似点），并算出此点处的目标函数值。然后沿某个坐标方向以某一步长 $\boldsymbol{\Delta}_i$ 进行探索，即比较 $\boldsymbol{B}_1$、$\boldsymbol{B}_1+\boldsymbol{\Delta}_i$ 以及 $\boldsymbol{B}_1-\boldsymbol{\Delta}_i$ 的目标函数值，以目标函数值最小（在最小化问题中）的点为临时矢点；再由此点出发沿另一坐标方向进行同样的探索，如果能找到比以前更好的点，就用该点代替前面的点，作为新的临时矢点。如此沿各个坐标方向轮流探索一遍，并选择这一轮探索中最好的点（最后的临时矢点）为第二个基点 $\boldsymbol{B}_2$。由第一个基点 $\boldsymbol{B}_1$ 到第二个基点 $\boldsymbol{B}_2$ 便构成了第一个模矢。对于第一个基点，这是使目标函数值得以改善的最有利的移动方向，沿这一方向前进，目标函数值下降得“最快”（就 $\boldsymbol{B}_1$ 附近而言）。显然，这一方向近似目标函数的负梯度方向。现假定在第二个基点 $\boldsymbol{B}_2$ 附近进行类似的探索，其结果可能和在 B_1 处的情形相同，故略去这一步而把第一个模矢加长一倍（即所谓的加速）。现设其端点 $\boldsymbol{T}_{20}$ 是第二个模矢的终点（以下称为初始临时矢点），这样，$\boldsymbol{B}_2\boldsymbol{T}_{20}$ 就构成了假定的第二个模矢。然后，在 $\boldsymbol{T}_{20}$ 附近进行如上类似的探索，得出新的最好的点——第三个基点 $\boldsymbol{B}_3$。据此修改假定的第二个模矢，使它的起点为 $\boldsymbol{B}_2$，终点为 $\boldsymbol{B}_3$。然后，再把第二个模矢延长一倍，如此继续进行探索和加速，即可得到越来越好的目标函数下降点。

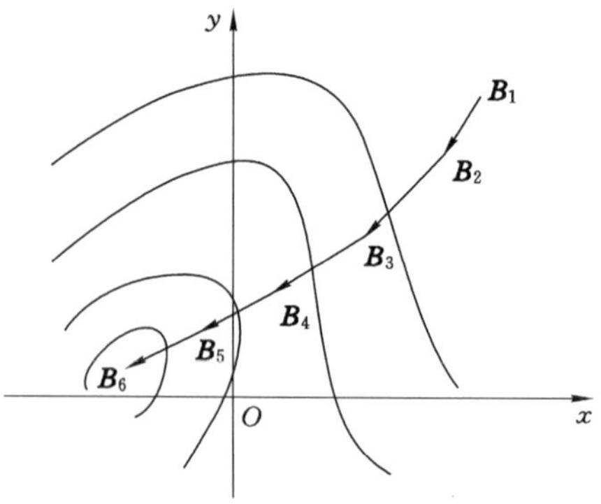

图 5-5　模矢法基本原理

如果探索进行到某一步时，得不出新的下降点，则应缩小步长以进行更精细的探索。当步长已缩小到某一精度要求，但仍得不到新的下降点时，即可将该点作为所求的近似最优点，并停止迭代。

（2）参数解算步骤（以概率积分法下沉拟合为例）

① 构建误差函数：

$$\varepsilon(\boldsymbol{B}) = \sum \left| W(\boldsymbol{B}) - W_{实} \right|$$

或者：

$$\varepsilon(\boldsymbol{B}) = \sum \left| (W(\boldsymbol{B}) - W_{实})/W_{实} \right|$$

② 任意选择初始近似点 $\boldsymbol{B}_1$，以它为基点进行探索，即

$$\begin{aligned}\boldsymbol{B}_1 &= (S_{10}, S_{20}, S_{30}, S_{40}, q_0, \tan\beta_0, \theta_0)^{\mathrm{T}} \\ &= (x_{10}, x_{20}, x_{30}, x_{40}, x_{50}, x_{60}, x_{70})^{\mathrm{T}}\end{aligned}$$

③ 为每一参数 $X_i(i=1,2,\cdots,7)$ 选定步长，即

$$\boldsymbol{\Delta}_i = (0, \cdots, \delta X_i, \cdots, 0)^{\mathrm{T}}$$

式中，$\boldsymbol{\Delta}_i$ 的第 i 个分量是 δX_i，而其他所有分量均为零。

④ 算出初始基点 $\boldsymbol{B}_1$ 的误差函数值 $\varepsilon(\boldsymbol{B}_1)$，考虑点 $\boldsymbol{B}_1+\boldsymbol{\Delta}_1$，若 $\varepsilon(\boldsymbol{B}_1+\boldsymbol{\Delta}_1) < \varepsilon(\boldsymbol{B}_1)$，就以 $\boldsymbol{B}_1+\boldsymbol{\Delta}_1$ 为临时矢点，并记为 $\boldsymbol{T}_{11}$。这里的第一个下标表示现在是在建立第一个模矢，第二个下标表示变量 X_1 已被摄动。若 $\boldsymbol{B}_1+\boldsymbol{\Delta}_1$ 没有 $\boldsymbol{B}_1$ 点好，就试验 $\boldsymbol{B}_1-\boldsymbol{\Delta}_1$，如果它比 $\boldsymbol{B}_1$ 点好，就以它为临时矢点。否则，以 $\boldsymbol{B}_1$ 为临时矢点，即

$$\boldsymbol{T}_{11}=\begin{cases}\boldsymbol{B}_1+\boldsymbol{\Delta}_1, 若\ \varepsilon(\boldsymbol{B}_1+\boldsymbol{\Delta}_1)<\varepsilon(\boldsymbol{B}_1)\\ \boldsymbol{B}_1-\boldsymbol{\Delta}_1, 若\ \varepsilon(\boldsymbol{B}_1-\boldsymbol{\Delta}_1)<\varepsilon(\boldsymbol{B}_1)<\varepsilon(\boldsymbol{B}_1+\boldsymbol{\Delta}_1)\\ \boldsymbol{B}_1, 若\ \varepsilon(\boldsymbol{B}_1)<\min[\varepsilon(\boldsymbol{B}_1-\boldsymbol{\Delta}_1),\varepsilon(\boldsymbol{B}_1+\boldsymbol{\Delta}_1)]\end{cases}$$

对于下一个独立变量 X_2 进行类似的摄动，这时，用临时矢点 $\boldsymbol{T}_{11}$ 代替原来的基点 $\boldsymbol{B}_1$。一般有

$$\boldsymbol{T}_{1,j+1}=\begin{cases}\boldsymbol{T}_{1j}+\boldsymbol{\Delta}_{j+1}, 若\ \varepsilon(\boldsymbol{T}_{1j}+\boldsymbol{\Delta}_{j+1})<\varepsilon(\boldsymbol{T}_{1j})\\ \boldsymbol{T}_{1j}-\boldsymbol{\Delta}_{j+1}, 若\ \varepsilon(\boldsymbol{T}_{1j}-\boldsymbol{\Delta}_{j+1})<\varepsilon(\boldsymbol{T}_{1j})<\varepsilon(\boldsymbol{T}_{1j}+\boldsymbol{\Delta}_{j+1})\\ \boldsymbol{T}_{1j}, 若\ \varepsilon(\boldsymbol{T}_{1j})<\min[\varepsilon(\boldsymbol{T}_{1j}-\boldsymbol{\Delta}_{j+1}),\varepsilon(\boldsymbol{T}_{1j}+\boldsymbol{\Delta}_{j+1})]\end{cases}$$

式中，$0\leqslant j\leqslant 6$，$\boldsymbol{T}_{10}=\boldsymbol{B}_1$。

7 个参数都被摄动之后，得到临时矢点 $\boldsymbol{T}_{17}$，并令

$$\boldsymbol{T}_{17}=\boldsymbol{B}_2$$

原来的基点 $\boldsymbol{B}_1$ 和新基点 $\boldsymbol{B}_2$ 便确立了第一个模矢。

⑤ 将第一个模矢延长一倍，得到第二个模矢的初始临时矢点 T_{20}，即

$$\boldsymbol{T}_{20}=\boldsymbol{B}_1+2(\boldsymbol{B}_2-\boldsymbol{B}_1)=2\boldsymbol{B}_2-\boldsymbol{B}_1$$

⑥ 在 $\boldsymbol{T}_{20}$ 附近进行和上面类似的探索，建立临时矢点 $\boldsymbol{T}_{21}$，$\boldsymbol{T}_{22}$，…，$\boldsymbol{T}_{27}$，以 $\boldsymbol{T}_{27}$ 为第三个基点 $\boldsymbol{B}_3$。这样，$\boldsymbol{B}_2$、$\boldsymbol{B}_3$ 就确立了第二个模矢。第三个模矢的初始临时矢点为：

$$\boldsymbol{T}_{30}=\boldsymbol{B}_2+2(\boldsymbol{B}_3-\boldsymbol{B}_2)=2\boldsymbol{B}_3-\boldsymbol{B}_2$$

⑦ 继续上述过程。对于第 i 个模矢，如果

$$\varepsilon(\boldsymbol{T}_{i0})<\varepsilon(\boldsymbol{B}_i)$$

但各个参数的所有摄动均得不出比 $\boldsymbol{T}_{i0}$ 更好的点，则以 $\boldsymbol{T}_{i0}$ 为 $\boldsymbol{B}_{i+1}$，而且不把这个模矢延长。

对于模矢 i，若由 $\boldsymbol{T}_{i0}$ 产生不出比 $\boldsymbol{B}_i$ 更好的点，则应退回到 $\boldsymbol{B}_i$，并在 $\boldsymbol{B}_i$ 附近进行探索，如果能得出新的下降点，即可引出新的模矢；否则，将步长缩小，以进行更精细的探索。当步长缩小到要求的精度时，即可停止迭代。

由于为求取开采沉陷参数而构建的误差函数是一个比较复杂的目标函数，为了防止把局部极值误认为全局最优值，应从任意选取的不同点开始，至少引入两个独立的搜索，如果它们都收敛于同一个点，则这个点作为最优点的把握就大大增加了。

当求取与下沉相关的概率积分模型预计参数后，利用实测水平移动值求取参数的步骤与上述步骤完全相同，也可以利用该法求取其他开采沉陷预计模型的参数。

5.2 优化概率积分预计模型

在厚松散层下开采时，与实测值相比，概率积分模型的预计结果在拐点向边界部分收敛过快，而在拐点内的工作面区域与实测值基本一致。因此，在厚松散层下开采时，需要对概率积分模型进行修正，建立优化概率积分模型，以提高其在边界部分的预计精度。

5.2.1 模型建立

地表下沉盆地的形状和范围主要由单元下沉影响函数在影响范围内积分而来，概率积分模型预计的地表单元下沉盆地的表达式见式(5.1.1)。

由式(5.1.1)可以看出，影响函数曲线开口大小的主要因素是主要影响半径 r，只要 r

发生了变化，该函数的形状也会随之变化，包括边界收敛缓慢问题与极值问题都会发生变化。假设在倾斜煤层中开采单位长 1×1 的单元 $B(u,v)$，令单元开采引起地表点 $A(x,y)$ 的下沉值 $W_e^a(x,y)$ 为两个不同主要影响半径的单元下沉盆地按一定比例的组合。令

$$W_e^{1,2}(x,y)=\frac{1}{r_{1,2}^2}\exp\left[-\pi\frac{(x-u)^2-(y-v)^2}{r_{1,2}^2}\right]$$

则有：

$$W_e^a(x,y)=W_e^1(x,y)\cdot(1-\rho)+W_e^2(x,y)\cdot\rho \tag{5.2.1}$$

式中，r_1、r_2 为两个不同的主要影响半径（单位：m），$r_1=H/\tan\beta_1$，$r_2=H/\tan\beta_2$；H 为单元 B 处的采深（单位：m）；$\tan\beta_1$、$\tan\beta_2$ 为两个不同的主要影响角正切值；ρ 为比例系数。

根据叠加原理，整个工作面煤层开采引起地表点 $A(x,y)$ 的修正沉降量 $W^a(x,y)$ 为：

$$W^a(x,y)=W_0^a\int_{S_3}^{l}\int_{S_1\cos\alpha}^{L}W_e^a(x,y)\mathrm{d}v\mathrm{d}u \tag{5.2.2}$$

式中，最大下沉值 $W_0^a=m\times q_a\times\cos\alpha$，$m$ 为煤层法向采厚（单位：m），q_a 为修正下沉系数，α 为煤层倾角；$l=D_3-S_4$，$L=(D_1-S_2)\times\cos\alpha$，$D_3$、$D_1$ 分别为工作面走向、倾向斜长（单位：m），S_1、S_2、S_3、S_4 分别为倾斜主断面上采空区下边界、上边界和走向主断面上采空区左边界、右边界的拐点偏移距（单位：m）。

5.2.2 参数释义

优化概率积分模型的预计参数包括修正下沉系数 q_a、修正主要影响角正切值（$\tan\beta_1$、$\tan\beta_2$）、修正水平移动系数 b_a、开采影响传播角 θ_0、拐点偏移距（S_1、S_2、S_3、S_4）及比例系数 ρ 等。修正单元下沉盆地的适应性如图 5-6 所示，优化模型有着较强的可塑性，其中某一主要影响半径 r_1 或 r_2 发生变化，将会改变下沉曲线边缘部分的形状，而拐点以内区域的下沉曲线则变化不大，从而能够更好地反映下沉盆地的实际形状。采用不同的预计参数可建立不同的预计模型，因此有必要建立优化模型的预计参数体系，以提高不同地质采矿条件下开采沉陷移动变形的预计精度。

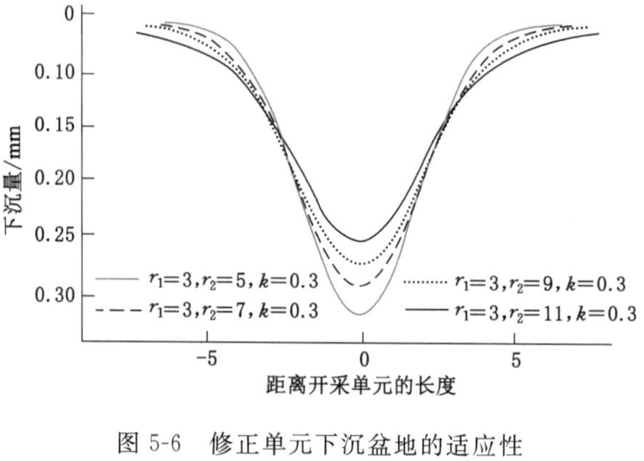

图 5-6 修正单元下沉盆地的适应性

应用研究表明，计算下沉值时，在同一采空区的沉降变形预测中，优化概率积分模型的下沉系数、主要影响角正切值与概率积分模型参数相比有着较大的变化，而开采影响传播角和拐点偏移距变化不明显。其主要原因在于：开采影响传播角取决于采空区倾斜方向上最

大下沉点的位置，拐点偏移距取决于采空区下沉曲线的拐点位置，对于某一确定的采空区，最大下沉点的位置和下沉曲线的拐点位置均是固定不变的。因此，优化概率积分模型预计参数中的开采影响传播角和拐点偏移距，可以选用概率积分模型中的相应参数，而修正后的下沉系数、主要影响角正切值则需要进一步确定。

5.3　优化概率积分预计模型参数解算

为便于优化概率积分预计模型在实际生产中的应用，需要获取该预计模型的参数初值。选取淮南潘谢矿区顾北矿北一采区 12326 工作面、顾桥矿南区 1613(1)工作面、顾桥矿南区 1414(1)工作面、谢桥矿 2111(3)工作面、潘一矿东区 1252(1)首采工作面、朱集东矿 1111(1)工作面、朱集东矿 1222(1)工作面等 7 个典型观测站的数据，利用走向和倾向观测线下沉、水平移动联合求参。通过试算并与实测资料进行比较，解算出这 7 个工作面的概率积分预计模型参数和优化概率积分预计模型参数，然后建立淮南潘谢矿区优化概率积分预计模型参数与常规概率积分预计模型参数间的函数关系。

5.3.1　工作面预计参数解算

(1) 顾北矿北一采区 12326 工作面

12326 工作面的地表移动观测站包括半条走向线和一条倾向线，参数初值取为：下沉系数 $q=1.2$，主要影响角正切值 $\tan\beta=2.4$，拐点偏移距 $S_{左}/S_{右}/S_{上}/S_{下}=42$ m/42 m/−33 m/−64 m，水平移动系数 $b=0.32$，最大下沉角 $\theta=88°$。按“5.1.3　模矢法求参原理”，获得的顾北矿北一采区 12326 工作面概率积分预计模型参数见表 5-1。

表 5-1　顾北矿 12326 工作面概率积分预计模型参数

参数名	参数值	参数名	参数值
下沉系数 q	1.01	水平移动系数 b	0.38
影响传播角 θ/(°)	88	主要影响角正切值 $\tan\beta$	1.85
拐点偏移距：$S_{左}/S_{右}/S_{上}/S_{下}=-18.6$ m/29.6 m/−32.2 m/−5.2 m			

在优化概率积分预计模型求参过程中，需要利用走向和倾向观测线下沉联合求参。以表 5-1 中的参数作为优化概率积分预计模型的参数初值，利用实测资料，通过试算获得顾北矿北一采区 12326 工作面优化概率积分预计模型参数，具体见表 5-2。

表 5-2　顾北矿 12326 工作面优化概率积分预计模型参数

参数名	参数值	参数名	参数值
修正下沉系数 q_a	1.09	比例系数 ρ	0.28
走向大主要影响角正切值 $\tan\beta^1_{走}$	2.24	走向小主要影响角正切值 $\tan\beta^2_{走}$	0.53
倾向大主要影响角正切值 $\tan\beta^1_{倾}$	2.14	倾向小主要影响角正切值 $\tan\beta^2_{倾}$	1.23
拐点偏移距：$S_{左}/S_{右}/S_{上}/S_{下}=-18.6$ m/29.6 m/−32.2 m/−5.2 m			

分别采用概率积分预计模型和优化概率积分预计模型，对 12326 工作面开采引起的地表移动变形进行预计，获取走向观测线和倾向观测线的预计成果。在所有监测点中，剔除实测下沉边界以外的监测点和异常监测点（如点位破坏）后，12326 工作面共选取有效监测点 54 个，其中下沉边界监测点共 35 个。走向线有效监测点有 31 个，其中下沉边界监测点有 18 个；倾向线有效监测点有 23 个，其中下沉边界监测点有 17 个。对实测值和预计值进行比较，并将预计精度列入表 5-3。

表 5-3　顾北矿 12326 工作面两种预计模型精度对比

方法	走向中间相对误差/%	走向边缘相对误差/%	走向总体相对误差/%	倾向中间相对误差/%	倾向边缘相对误差/%	倾向总体相对误差/%	拟合中误差/mm	相对误差中误差/mm
概率积分预计模型	13.7	64.5	43.2	3.0	70.8	53.1	115.3	60.9
优化概率积分预计模型	5.9	12.1	9.5	3.2	10.0	8.2	56.6	12.3

注：相对误差＝average(|Δ/W|)，$\Delta=W'-W$，W' 为预计下沉值，W 为实测下沉值；拟合中误差＝sqrt([Δ^2]/n)，n 为观测点数；相对误差中误差＝sqrt([(Δ/W)^2]/n)。

顾北矿北一采区 12326 工作面走向和倾向的优化概率积分预计模型结果、概率积分预计模型结果与实测结果的对比图如图 5-7～图 5-10 所示。由图 5-7～图 5-10 可知，走向实测边界与实测拐点间的距离为 655.4 m，概率积分预计模型边界与实测拐点间的距离为 367.4 m（与实测值相差－288 m，相对误差为 43.9%），优化概率积分预计模型边界与实测拐点间的距离为 565.4 m（与实测值相差－90 m，相对误差为 13.7%）；倾向实测边界与实测拐点间的距离为 568.5 m，概率积分预计模型边界与实测拐点间的距离为 290.2 m（与实测值相差－278.3 m，相对误差为 48.9%），优化概率积分预计模型边界与实测拐点间的距

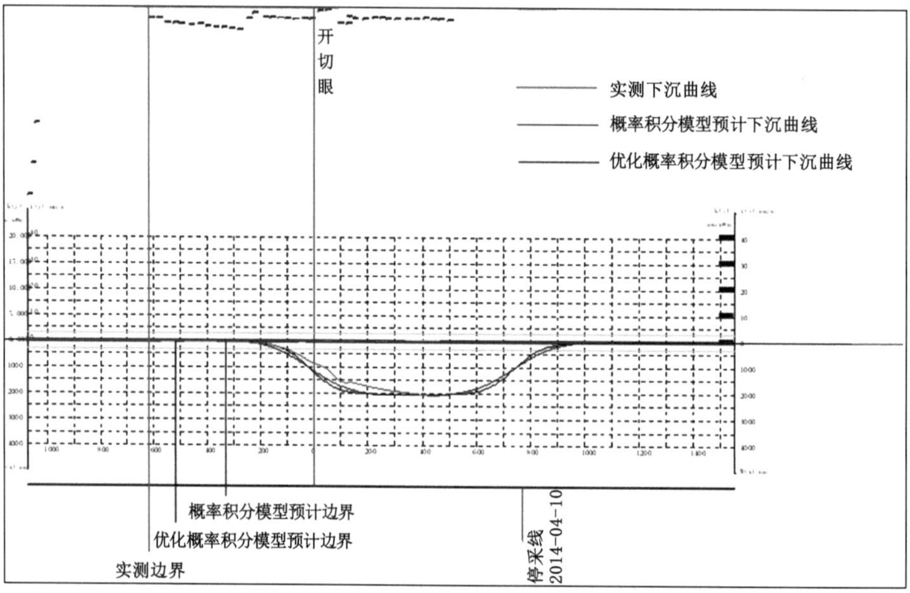

图 5-7　12326 工作面走向预测下沉值与实测下沉值对比图

离为 505.8 m(与实测值相差－62.7 m,相对误差为 11.0%)。

(2) 顾桥矿南区 1613(1)工作面

根据试算和实测资料的计算结果,参数初值取为:下沉系数 q＝1.42,主要影响角正切值 $\tan\beta$＝2.4,拐点偏移距 $S_{左}/S_{右}/S_{上}/S_{下}$＝67 m/67 m/20 m/58 m,水平移动系数 b＝0.32,最大下沉角 θ＝86°。按“5.1.3　模矢法求参原理”,获得的顾桥矿南区 1613(1)工作面概率积分预计模型参数见表 5-4。

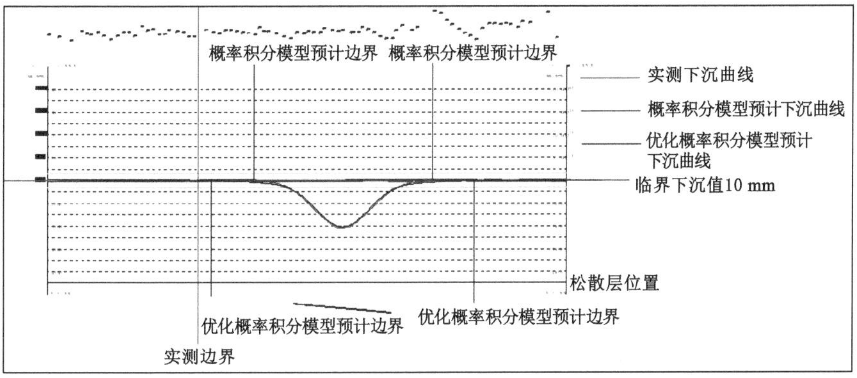

图 5-8　12326 工作面倾向预测下沉值与实测下沉值对比图

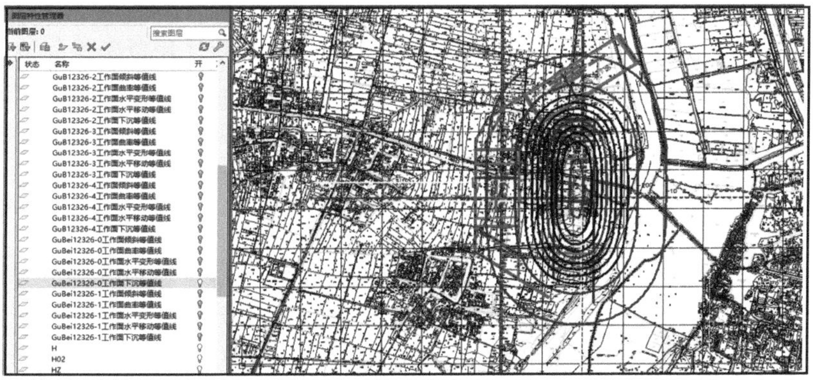

图 5-9　12326 工作面概率积分模型预测下沉等值线图

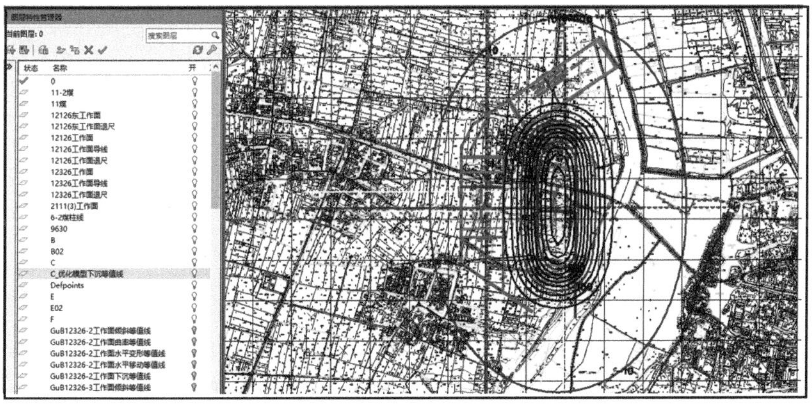

图 5-10　12326 工作面优化概率积分模型预测下沉等值线图

表 5-4 顾桥矿 1613(1)工作面概率积分预计模型参数

参数名	参数值	参数名	参数值
下沉系数 q	1.00	水平移动系数 b	0.32
影响传播角 $\theta/(°)$	86	主要影响角正切值 $\tan\beta$	1.70
拐点偏移距：$S_{左}/S_{右}/S_{上}/S_{下}=-16$ m/38 m/44 m/-24 m			

在优化概率积分预计模型求参过程中，利用走向和倾向观测线下沉联合求参。以表 5-4 中的参数作为优化概率积分预计模型的参数初值，利用实测资料，通过试算获得顾桥矿南区 1613(1)工作面优化概率积分预计模型参数，具体见表 5-5。

表 5-5 顾桥矿 1613(1)工作面优化概率积分预计模型参数

参数名	参数值	参数名	参数值
修正下沉系数 q_a	1.07	比例系数 ρ	0.17
走向大主要影响角正切值 $\tan\beta_{走}^1$	2.02	走向小主要影响角正切值 $\tan\beta_{走}^2$	0.42
倾向大主要影响角正切值 $\tan\beta_{倾}^1$	2.06	倾向小主要影响角正切值 $\tan\beta_{倾}^2$	1.02
拐点偏移距：$S_{左}/S_{右}/S_{上}/S_{下}=-16$ m/38 m/44 m/-24 m			

分别采用 1613(1)工作面解算的概率积分预计模型参数和优化概率积分预计模型参数对走向观测线和倾向观测线进行拟合计算。在所有观测站中，剔除边界以外的观测站与质量较差的观测站后，1613(1)工作面共选取有效观测站 60 个，其中边界观测站共 35 个。走向有效观测站共 31 个，其中边界观测站共 14 个；倾向有效观测站共 29 个，其中边界观测站共 21 个。经计算，拟合精度情况见表 5-6。

表 5-6 顾桥矿南区 1613(1)工作面两种预计模型精度对比

方法	走向中间相对误差/%	走向边缘相对误差/%	走向总体相对误差/%	倾向中间相对误差/%	倾向边缘相对误差/%	倾向总体相对误差/%	拟合中误差/mm	相对误差中误差/mm
概率积分预计模型	3.5	50.2	24.6	6.8	57.4	36.5	63.8	46.6
优化概率积分预计模型	3.9	9.1	6.3	5.9	11.1	9.7	56.3	10.4

根据顾桥矿南区 1613(1)工作面走向和倾向的优化概率积分预计模型结果、概率积分预计模型结果与实测结果的对比分析：走向实测边界与实测拐点间的距离为 592.0 m，概率积分预计模型边界与实测拐点间的距离为 381.7 m(与实测值相差$-$210.3 m，相对误差为 35.3%)，优化概率积分预计模型边界与实测拐点间的距离为 771.6 m(与实测值相差$+$179.6 m，相对误差为 30.3%)；倾向实测边界与实测拐点间的距离为 598.0 m，概率积分预计模型边界与实测拐点间的距离为 308.9 m(与实测值相差$-$289.1 m，相对误差为 48.3%)，优化概率积分预计模型边界与实测拐点间的距离为 831.7 m(与实测值相差

+233.7 m,相对误差为 39.1%)。

(3) 其他工作面

① 顾桥矿南区 1414(1)工作面

按上述类似方法,对于顾桥矿南区 1414(1)工作面,参数初值取为:下沉系数 $q=0.97$,主要影响角正切值 $\tan\beta=2.4$,拐点偏移距 $S_{左}/S_{右}/S_{上}/S_{下}=54$ m/97 m/−37 m/−76 m,水平移动系数 $b=0.30$,最大下沉角 $\theta=88°$。解算的 1414(1)工作面概率积分预计模型参数见表 5-7,优化概率积分预计模型参数见表 5-8。

表 5-7　顾桥矿南区 1414(1)工作面概率积分预计模型参数

参数名	参数值	参数名	参数值
下沉系数 q	0.94	水平移动系数 b	0.30
影响传播角 θ/(°)	88	主要影响角正切值 $\tan\beta$	2.16
拐点偏移距:$S_{左}/S_{右}/S_{上}/S_{下}=66$ m/45 m/−6 m/−21 m			

表 5-8　顾桥矿南区 1414(1)工作面优化概率积分预计模型参数

参数名	参数值	参数名	参数值
修正下沉系数 q_a	0.94	比例系数 ρ	0.20
走向大主要影响角正切值 $\tan\beta_{走}^{1}$	2.32	走向小主要影响角正切值 $\tan\beta_{走}^{2}$	0.61
倾向大主要影响角正切值 $\tan\beta_{倾}^{1}$	2.56	倾向小主要影响角正切值 $\tan\beta_{倾}^{2}$	1.46
拐点偏移距:$S_{左}/S_{右}/S_{上}/S_{下}=66$ m/45 m/−6 m/−21 m			

1414(1)工作面共选取有效观测站 69 个,其中边界观测站共 49 个。走向有效观测站共 42 个,其中边界观测站共 28 个;倾向有效观测站共 27 个,其中边界观测站共 21 个。经计算,拟合精度情况见表 5-9。

表 5-9　顾桥矿南区 1414(1)工作面两种预计模型精度对比

方法	走向中间相对误差/%	走向边缘相对误差/%	走向总体相对误差/%	倾向中间相对误差/%	倾向边缘相对误差/%	倾向总体相对误差/%	拟合中误差/mm	相对误差中误差/mm
概率积分预计模型	20.2	71.4	54.8	21.8	84.7	71.2	187.4	70.1
优化概率积分预计模型	11.0	11.9	11.6	10.3	12.2	11.8	102.8	13.9

根据顾桥矿南区 1414(1)工作面走向和倾向的优化概率积分预计模型结果、概率积分预计模型结果与实测结果的对比分析:走向实测边界与实测拐点间的距离为 959.9 m,概率积分预计模型边界与实测拐点间的距离为 424.6 m(与实测值相差−535.3 m,相对误差为 55.8%),优化概率积分预计模型边界与实测拐点间的距离为 1 009.4 m(与实测值相差+49.5 m,相对误差为 5.2%);倾向实测边界与实测拐点间的距离为 813.2 m,概率积分预

计模型边界与实测拐点间的距离为 339.7 m(与实测值相差－473.5 m,相对误差为 58.2%),优化概率积分预计模型边界与实测拐点间的距离为 850.3 m(与实测值相差＋37.1 m,相对误差为 4.6%)。

② 谢桥矿 2111(3)工作面

对于谢桥矿 2111(3)工作面,参数初值取为:下沉系数 q=1.42,主要影响角正切值 $\tan\beta$=2.4,拐点偏移距 $S_{左}/S_{右}/S_{上}/S_{下}$=67 m/67 m/20 m/58 m,水平移动系数 b=0.32,最大下沉角 θ=86°。解算的 2111(3)工作面概率积分预计模型参数见表 5-10,优化概率积分预计模型参数见表 5-11。

表 5-10 谢桥矿 2111(3)工作面概率积分预计模型参数

参数名	参数值	参数名	参数值
下沉系数 q	1.05	水平移动系数 b	0.37
影响传播角 θ/(°)	86	主要影响角正切值 $\tan\beta$	2.32
拐点偏移距:$S_{左}/S_{右}/S_{上}/S_{下}$=－68 m/46 m/37 m/－5 m			

表 5-11 谢桥矿 2111(3)工作面优化概率积分预计模型参数

参数名	参数值	参数名	参数值
修正下沉系数 q_a	1.11	比例系数 ρ	0.17
走向大主要影响角正切值 $\tan\beta^1_{走}$	2.64	走向小主要影响角正切值 $\tan\beta^2_{走}$	0.74
倾向大主要影响角正切值 $\tan\beta^1_{倾}$	2.94	倾向小主要影响角正切值 $\tan\beta^2_{倾}$	1.74
拐点偏移距:$S_{左}/S_{右}/S_{上}/S_{下}$=68 m/46 m/37 m/－5 m			

2111(3)工作面共选取有效观测站 61 个,其中边界观测站共 39 个。走向有效观测站共 46 个,其中边界观测站共 27 个;倾向有效观测站共 15 个,其中边界观测站共 12 个。根据实测值和预计值的比较,两种模型的预计精度见表 5-12。

表 5-12 谢桥矿 2111(3)工作面两种预计模型精度对比

方法	走向中间相对误差/%	走向边缘相对误差/%	走向总体相对误差/%	倾向中间相对误差/%	倾向边缘相对误差/%	倾向总体相对误差/%	拟合中误差/mm	相对误差中误差/mm
概率积分预计模型	15.3	65.2	44.6	5.5	69.5	56.7	236.5	61.6
优化概率积分预计模型	16.5	12.2	13.9	3.6	10.4	9.1	241.4	15.5

根据谢桥矿 2111(3)工作面走向和倾向的优化概率积分预计模型结果、概率积分预计模型结果与实测结果的对比分析:走向实测边界与实测拐点间的距离为 785 m,概率积分预计模型边界与实测拐点间的距离为 230 m(与实测值相差－555 m,相对误差为 70.7%),优化概率积分预计模型边界与实测拐点间的距离为 788 m(与实测值相差＋3 m,相对误差为 0.4%);倾向实测边界与实测拐点间的距离为 740 m,概率积分预计模型边界与实测拐点间

的距离为 146 m(与实测值相差−594 m,相对误差为 80.3%),优化概率积分预计模型边界与实测拐点间的距离为 632 m(与实测值相差−108 m,相对误差为 14.6%)。

③ 潘一矿东区 1252(1)首采工作面

对于潘一矿东区 1252(1)首采工作面,参数初值取为:下沉系数 $q=0.68$,主要影响角正切值 $\tan\beta=2.4$,拐点偏移距 $S_{左}/S_{右}/S_{上}/S_{下}=110\ m/133\ m/12\ m/95\ m$,水平移动系数 $b=0.3$,最大下沉角 $\theta=88°$。解算的 1252(1)工作面概率积分预计模型参数见表 5-13,优化概率积分预计模型参数见表 5-14。

表 5-13　潘一矿东区 1252(1)工作面概率积分预计模型参数

参数名	参数值	参数名	参数值
下沉系数 q	0.53	水平移动系数 b	0.30
影响传播角 θ/(°)	88	主要影响角正切值 $\tan\beta$	1.80
拐点偏移距:$S_{左}/S_{右}/S_{上}/S_{下}=95\ m/9\ m/60.2\ m/-23.8\ m$			

表 5-14　潘一矿东区 1252(1)工作面优化概率积分模型预计参数

参数名	参数值	参数名	参数值
修正下沉系数 q_a	0.78	比例系数 ρ	0.47
走向大主要影响角正切值 $\tan\beta_{走}^1$	2.57	走向小主要影响角正切值 $\tan\beta_{走}^2$	0.89
倾向大主要影响角正切值 $\tan\beta_{倾}^1$	2.66	倾向小主要影响角正切值 $\tan\beta_{倾}^2$	1.36
拐点偏移距:$S_{左}/S_{右}/S_{上}/S_{下}=95\ m/9\ m/60.2\ m/-23.8\ m$			

1252(1)工作面共选取有效观测站 88 个,其中边界观测站共 67 个。走向有效观测站共 39 个,其中边界观测站共 35 个;倾向有效观测站共 49 个,其中边界观测站共 32 个。根据实测值和预计值的比较,两种模型的预计精度见表 5-15。

表 5-15　潘一矿东区 1252(1)工作面两种预计模型精度对比

方法	走向中间相对误差/%	走向边缘相对误差/%	走向总体相对误差/%	倾向中间相对误差/%	倾向边缘相对误差/%	倾向总体相对误差/%	拟合中误差/mm	相对误差中误差/mm
概率积分预计模型	17.6	75.9	43.0	6.5	79.7	73.5	117.0	69.3
优化概率积分预计模型	16.7	7.0	12.5	10.4	10.2	10.3	87.4	16.1

根据潘一矿东区 1252(1)工作面走向和倾向的优化概率积分预计模型结果、概率积分预计模型结果与实测结果的对比分析:走向实测边界与实测拐点间的距离为 660.0 m,概率积分预计模型边界与实测拐点间的距离为 353.6 m(与实测值相差−306.4 m,相对误差为 46.4%),优化概率积分预计模型边界与实测拐点间的距离为 651.4 m(与实测值相差−8.6 m,相对误差为 1.3%);倾向实测边界与实测拐点间的距离为 523.3 m,概率积分预

计模型边界与实测拐点间的距离为 180.4 m(与实测值相差－342.9 m,相对误差为 65.5%),优化概率积分预计模型边界与实测拐点间的距离为 527.1 m(与实测值相差＋3.8 m,相对误差为 0.7%)。

④ 朱集东矿 1111(1)工作面

对于朱集东矿 1111(1)工作面,参数初值取为:下沉系数 $q=0.45$,主要影响角正切值 $\tan\beta=2.4$,拐点偏移距 $S_{左}/S_{右}/S_{上}/S_{下}=84$ m/248 m/－118 m/－145 m,水平移动系数 $b=0.34$,最大下沉角 $\theta=89°$。解算的 1252(1)工作面概率积分预计模型参数见 5-16,优化概率积分预计模型参数见表 5-17。

表 5-16 朱集东矿 1111(1)工作面概率积分预计模型参数

参数名	参数值	参数名	参数值
下沉系数 q	0.22	水平移动系数 b	0.34
影响传播角 θ/(°)	89	主要影响角正切值 $\tan\beta$	1.70
拐点偏移距:$S_{左}/S_{右}/S_{上}/S_{下}=110$ m/－10 m/－6.9 m/20 m			

表 5-17 朱集东矿 1111(1)工作面优化概率积分预计模型参数

参数名	参数值	参数名	参数值
修正下沉系数 q_a	0.53	比例系数 ρ	0.49
走向大主要影响角正切值 $\tan\beta_{走}^{1}$	2.01	走向小主要影响角正切值 $\tan\beta_{走}^{2}$	0.60
倾向大主要影响角正切值 $\tan\beta_{倾}^{1}$	2.36	倾向小主要影响角正切值 $\tan\beta_{倾}^{2}$	0.92
拐点偏移距:$S_{左}/S_{右}/S_{上}/S_{下}=110$ m/－10 m/－6.9 m/20 m			

1111(1)工作面共选取有效观测站 105 个,其中边界观测站共 63 个。走向有效观测站共 60 个,其中边界观测站共 30 个;倾向有效观测站共 45 个,其中边界观测站共 33 个。根据实测值和预计值的比较,两种模型的预计精度见表 5-18。

表 5-18 朱集东矿 1111(1)工作面两种预计模型精度对比

方法	走向中间相对误差/%	走向边缘相对误差/%	走向总体相对误差/%	倾向中间相对误差/%	倾向边缘相对误差/%	倾向总体相对误差/%	拟合中误差/mm	相对误差中误差/mm
概率积分预计模型	14.7	55.2	35.0	33.2	95.5	78.9	51.5	66.7
优化概率积分预计模型	12.6	11.9	12.3	2.4	9.3	7.5	25.8	13.2

根据朱集东矿 1111(1)工作面走向和倾向的优化概率积分预计模型结果、概率积分预计模型结果与实测结果的对比分析:走向实测边界与实测拐点间的距离为 663.2 m,概率积分预计模型边界与实测拐点间的距离为 84.7 m(与实测值相差－578.5 m,相对误差为 87.2%),优化概率积分预计模型边界与实测拐点间的距离为 726.8 m(与实测值相差

+63.6 m，相对误差为 9.6%）；倾向实测边界与实测拐点间的距离为 780.7 m，概率积分预计模型边界与实测拐点间的距离为 112.4 m（与实测值相差 −668.3 m，相对误差为 85.6%），优化概率积分预计模型边界与实测拐点间的距离为 771.1 m（与实测值相差 −9.6 m，相对误差为 1.2%）。

⑤ 朱集东矿 1222(1)工作面

对于朱集东矿 1222(1)工作面，参数初值取为：下沉系数 $q=1.08$，主要影响角正切值 $\tan\beta=2.80$，拐点偏移距 $S_{左}/S_{右}/S_{上}/S_{下}=68\ m/54\ m/-60\ m/-60\ m$，水平移动系数 $b=0.37$，最大下沉角 $\theta=87.5°$。解算的 1252(1)工作面概率积分预计模型参数见表 5-19，优化概率积分预计模型参数见表 5-20。

表 5-19　朱集东矿 1222(1)工作面概率积分预计模型参数

参数名	参数值	参数名	参数值
下沉系数 q	0.77	水平移动系数 b	0.39
影响传播角 θ/(°)	89	主要影响角正切值 $\tan\beta$	2.80
拐点偏移距：$S_{左}/S_{右}/S_{上}/S_{下}=46\ m/28\ m/8\ m/86\ m$			

表 5-20　朱集东矿 1222(1)工作面优化概率积分预计模型参数

参数名	参数值	参数名	参数值
修正下沉系数 q_a	1.12	比例系数 ρ	0.64
走向大主要影响角正切值 $\tan\beta^1_{走}$	3.00	走向小主要影响角正切值 $\tan\beta^2_{走}$	1.00
倾向大主要影响角正切值 $\tan\beta^1_{倾}$	3.80	倾向小主要影响角正切值 $\tan\beta^2_{倾}$	1.90
拐点偏移距：$S_{左}/S_{右}/S_{上}/S_{下}=46\ m/28\ m/8\ m/86\ m$			

1222(1)工作面共选取有效观测站 73 个，其中边界观测站共 48 个。走向有效观测站共 49 个，其中边界观测站共 31 个；倾向有效观测站共 24 个，其中边界观测站共 17 个。根据实测值和预计值的比较，两种模型的预计精度见表 5-21。

表 5-21　朱集东矿 1222(1)工作面两种预计模型精度对比

方法	走向中间相对误差/%	走向边缘相对误差/%	走向总体相对误差/%	倾向中间相对误差/%	倾向边缘相对误差/%	倾向总体相对误差/%	拟合中误差/mm	相对误差中误差/mm
概率积分预计模型	17.0	73.9	53.0	14.3	75.6	57.7	55.8	67.1
优化概率积分预计模型	17.0	12.3	14.0	14.9	12.3	13.0	47.0	15.6

根据朱集东矿 1222(1)工作面走向和倾向的优化概率积分预计模型结果、概率积分预计模型结果与实测结果的对比分析：走向实测边界与实测拐点间的距离为 537.0 m，概率积分预计模型边界与实测拐点间的距离为 247.0 m（与实测值相差 −290 m，相对误差为 54.0%），优化概率积分预计模型边界与实测拐点间的距离为 548.4 m（与实测值相差

+11.4 m，相对误差为 2.1%）；倾向实测边界与实测拐点间的距离为 459.9 m，概率积分预计模型边界与实测拐点间的距离为 199.8 m（与实测值相差 −260.1 m，相对误差为 56.6%），优化概率积分预计模型边界与实测拐点间的距离为 467.1 m（与实测值相差 +7.2 m，相对误差为 1.6%）。

5.3.2 区域优化概率积分预计模型参数

上述 7 个工作面的两种预计模型精度对比情况汇总于表 5-22。由表 5-22 可知：

表 5-22 概率积分预计模型与优化概率积分预计模型精度对比

工作面	方法	走向中间相对误差/%	走向边缘相对误差/%	走向总体相对误差/%	倾向中间相对误差/%	倾向边缘相对误差/%	倾向总体相对误差/%
顾北矿 12326 工作面	概率积分预计模型	13.7	64.5	43.2	3.0	70.8	53.1
	优化概率积分预计模型	5.9	12.1	9.5	3.2	10.0	8.2
顾桥矿南区 1613(1)工作面	概率积分预计模型	3.5	50.2	24.6	6.8	57.4	36.5
	优化概率积分预计模型	3.9	9.1	6.3	5.9	11.1	9.7
顾桥矿南区 1414(1)工作面	概率积分预计模型	20.2	71.4	54.8	21.8	84.7	71.2
	优化概率积分预计模型	11.0	11.9	11.6	10.3	12.2	11.8
谢桥矿 2111(3)工作面	概率积分预计模型	15.3	65.2	44.6	5.5	69.5	56.7
	优化概率积分预计模型	16.5	12.2	13.9	3.6	10.4	9.1
潘一矿东区 1252(1)工作面	概率积分预计模型	17.6	75.9	43.0	6.5	79.7	73.5
	优化概率积分预计模型	16.7	7.0	12.5	10.4	10.2	10.3
朱集东矿 1111(1)工作面	概率积分预计模型	14.7	55.2	35.0	33.2	95.5	78.9
	优化概率积分预计模型	12.6	11.9	12.3	2.4	9.3	7.5
朱集东矿 1222(1)工作面	概率积分预计模型	17.0	73.9	53.0	14.3	75.6	57.7
	优化概率积分预计模型	17.0	12.3	14.0	14.9	12.3	13.0

（1）对于下沉盆地中间部分：采用概率积分预计模型进行拟合时，走向中间部分相对误差为 3.5%～20.2%，平均值为 14.6%；倾向中间部分相对误差为 3%～33.2%，平均值为 13.0%。采用优化概率积分预计模型进行拟合时，走向中间部分相对误差为 3.9%～17.0%，平均值为 11.9%；倾向中间部分相对误差为 2.4%～14.9%，平均值为 7.2%。

（2）对于下沉盆地边缘部分：采用概率积分预计模型进行拟合时，走向边缘部分相对误差为 50.2%～75.9%，平均值为 65.2%；倾向边缘部分相对误差为 57.4%～95.5%，平均值为 76.2%。采用优化概率积分预计模型进行拟合时，走向边缘部分相对误差为 7%～12.3%，平均值为 10.9%；倾向边缘部分相对误差为 9.3%～12.3%，平均值为 10.8%。

由以上数据分析可知，概率积分预计模型在下沉盆地中间部分的预计精度较好，而在边界部分由于收敛过快导致预计精度极差，主断面预计相对误差均在 50%以上。对于优化概率积分预计模型，在保证下沉盆地中间部分预计精度的同时，7 个工作面的走向边缘平均预计相对误差从 65.2%降低到 10.9%，倾向边缘平均预计相对误差从 76.2%降低到 10.8%，边缘部分预计精度优化效果明显。

优化概率积分预计模型的参数与概率积分预计模型的参数有所不同，优化概率积分预计模型新增参数包括新下沉系数 q_a、拐点主要影响角正切值（走向方向为 $\tan\beta^1_{走向}$、倾向方向为 $\tan\beta^1_{倾向}$）、边界主要影响角正切值（走向方向为 $\tan\beta^2_{走向}$、倾向方向为 $\tan\beta^2_{倾向}$）和松散层影响系数 ρ。因此，需要建立优化概率积分预计模型参数与概率积分预计模型参数之间的数学关系，以便于实际工程应用。

通过数据分析与灰色关联分析方法检验，选取关联系数大于 0.8 的地质采矿因素作为主要影响指标（松散层厚 h_s、基岩厚度 h_j 和倾向采动程度系数 n_y），然后通过多元线性回归方法，建立主要影响指标与新参数之间的线性模型：

$$\begin{cases} q_a = 0.433 + 0.657q_0 \\ \tan\beta^1_{走向} = 2.287 + 0.364\tan\beta_0 - 0.303h_s/H - 1.944n_y \\ \tan\beta^2_{走向} = 0.430 + 0.244\tan\beta_0 - 0.281h_s/H - 0.505n_y \\ \tan\beta^1_{倾向} = 1.071 + 1.084\tan\beta_0 - 0.699h_s/H - 0.755n_y \\ \tan\beta^2_{倾向} = 0.067 + 0.832\tan\beta_0 - 0.279h_s/H - 0.265n_y \\ \rho = \begin{cases} 0.136 + 0.034h_s/h_j, & h_s/h_j \geqslant 0.8 \\ 0.499 + 0.086h_s/h_j, & h_s/h_j < 0.8 \end{cases} \end{cases} \tag{5.3.1}$$

式中，q_0 与 $\tan\beta_0$ 为原概率积分预计模型中的下沉系数与主要影响角正切值；H 为平均采深；h_j 为工作面基岩厚度（采深与松散层厚度的差值，单位：m）；h_s 为松散层厚度（单位：m）；n_y 为倾向采动程度系数，按下式计算：

$$n_y = K_1 \frac{D_1}{H_0}$$

式中，H_0 为工作面的平均采深（单位：m）；D_1 为采空区沿倾向的实际长度（单位：m）；K_1 为小于 1 的系数，一般取 $K_1=0.7$。当 n_y 大于 1 时，取 n_y 为 1。

利用上述 7 个工作面的数据，通过多元线性回归方法建立了 6 个参数与主要地质采矿因素之间的数学关系，并计算了其模型误差和相对误差。其中，q_a 参数模型误差 $E_{MS}=0.08$，相对误差 $E_{MAP}=1.2\%$；$\tan\beta^1_{走向}$ 参数模型误差 $E_{MS}=0.11$，相对误差 $E_{MAP}=1.1\%$；$\tan\beta^2_{走向}$ 参数模型误差 $E_{MS}=0.09$，相对误差 $E_{MAP}=1.1\%$；$\tan\beta^1_{倾向}$ 参数模型误差 $E_{MS}=0.17$，相对误差 $E_{MAP}=5.6\%$；$\tan\beta^2_{倾向}$ 参数模型误差 $E_{MS}=0.23$，相对误差 $E_{MAP}=16.0\%$。谢桥矿区参数 ρ 的模型误差 $E_{MS}=0.02$，相对误差 $E_{MAP}=9.3\%$，潘集矿区参数 ρ 的模型误差 $E_{MS}=0.003$，相对误差 $E_{MAP}=0.4\%$。

6 开采沉陷数据处理软件研发

开采沉陷数据处理软件是在建立开采沉陷参数解算方法和地表移动变形预计方法的基础上，开发的相应数据处理和分析软件，适用于巨厚松散层和薄松散层下开采时地表移动变形的预计。本章主要介绍"淮南矿区开采沉陷预计软件"(英文名称为"Mining Subsidence Prediction Software in Huainan Mining Area"，英文缩写为"HNMSPS")，并结合实例介绍其应用情况。

6.1 HNMSPS 软件简介

6.1.1 软件系统设计原则

"淮南矿区开采沉陷预计软件"(以下简称"HNMSPS 软件")主要解决的问题是根据地质条件解算保护煤柱留设参数初值及开采沉陷预计参数初值，建立厚松散层下开采预计模型，以提高下沉盆地边缘部分的预计精度。在进行软件设计时，应遵循以下原则：

(1) 实用性：针对开采沉陷监测的工作模式，兼顾目前已有的计算机系统配置，利用已有的成果资料，开发的 HNMSPS 软件应能够满足开采沉陷监测实际工作的需要，功能较齐全，使用方便且界面友好。

(2) 可靠性：确保 HNMSPS 软件计算分析结果的正确性，软件容错功能强，能及时排除故障，保障软件正常运行。

(3) 先进性：应采用先进的科学技术和成熟的软硬件平台，不但要满足当前的应用需要，还要兼顾未来发展的需要。HNMSPS 软件处理速度快，自动化程度高，功能齐全，能显著提高工作效率。

(4) 安全性：HNMSPS 软件的安全性包括数据安全性和软件安全性。安全性可以从系统登录、数据库加密、不同等级用户的授权、数据备份、断电保护、来电自动重启等方面来考虑。

(5) 经济性：在实用性、可靠性、先进性和安全性的前提下，尽可能降低成本，使用方便，以便于推广应用。

(6) 规范性：系统设计和构建时应充分应用煤炭行业和相关行业的有关标准、规程和相应的规范。

HNMSPS 软件包括以下 3 项主要功能：移动变形计算、概率积分预计模型参数解算、开采沉陷预计。

6.1.2　移动变形计算模块

移动变形计算模块的主要功能为利用地质采矿条件、开采沉陷观测站中各观测线的各期坐标、高程数据来计算移动变形信息(如下沉、倾斜变形、曲率变形、水平移动、水平变形),绘制观测站(线),按观测日期分图层绘制移动变形曲线(如下沉曲线、倾斜变形曲线、曲率变形曲线、水平移动曲线、水平变形曲线),并生成移动变形信息报表、基准时段坐标高程成果册和监测时段坐标高程成果册,以为分析地表移动变形动态规律提供基础信息。移动变形计算模块的数据处理流程如图 6-1 所示。

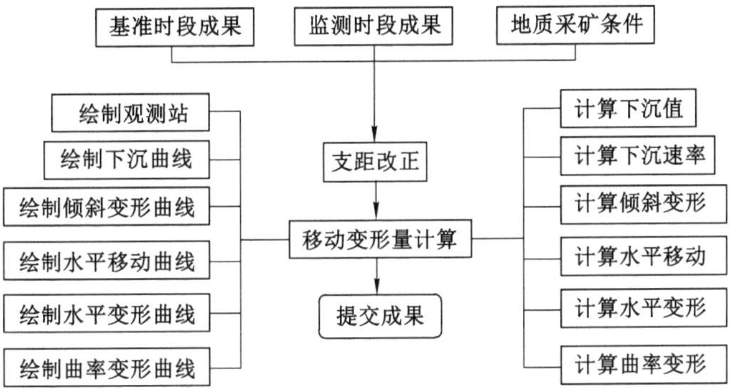

图 6-1　移动变形计算模块的数据处理流程

移动变形计算模块具有以下特点:

(1) 具有同时处理多个不同观测站数据的能力。若不同工作面的观测站不存在同名测点,则可以将这些观测站的观测数据进行统一处理分析。例如,可以将谢桥矿 2111(3)工作面和顾桥矿的 1613(1)工作面的观测站数据在一个工程项目下同时进行数据处理分析。HNMSPS 软件根据准备的观测站基本信息文件、观测线基本信息文件、观测站设计参数文件、地质采矿条件文件、钻孔资料文件和绘图比例尺文件,对这两个工作面的观测站数据进行处理分析,分别输出不同观测站的数据处理结果。

(2) 具有对同一观测站中的不同目标任务进行数据处理分析的能力。对于某一观测站,特别是重采观测站,至少可以获取两种监测信息,即第一个面初采和重采时的移动变形信息、第二个面在第一个面回采后的移动变形信息。

(3) 具有按观测站观测线(如走向观测线和倾向观测线)分别进行移动变形计算的能力。例如,谢桥矿 2111(3)工作面布设了走向观测线和倾向观测线两条观测线,虽然在外业数据采集和内业平差计算时,这两条观测线的数据是作为一个整体进行的,但 HNMSPS 软件根据用户提供的观测站基本信息文件、观测线基本信息文件、观测站设计参数文件、地质采矿条件文件、钻孔资料文件和绘图比例尺文件,可对该观测站的走向观测线和倾向观测线分别自动进行移动变形计算和绘制移动变形曲线,并分别输出相应成果,十分方便用户对该观测站地表移动变形规律的分析。

(4) 具有根据观测站观测线(如走向观测线和倾向观测线)按基本地质采矿条件和观测日期分层绘制移动变形曲线的能力。例如,对谢桥矿 2111(3)工作面观测站进行了多次观测，HNMSPS 软件可调用 AutoCAD 软件，将各次计算的移动变形信息绘制在同一个 AutoCAD 格式的 dwg 文件中(图 6-2)，这样便于用户掌握采动引起的地表动态移动变形规律，为获取相关的动态参数(如下沉率、水平移动系数、超前影响角、超前影响距、边界角、移动角、主要影响半径、主要影响角正切值、拐点偏移距、最大下沉速度、最大下沉速度滞后距和最大下沉速度滞后角等的变化)提供了图件。

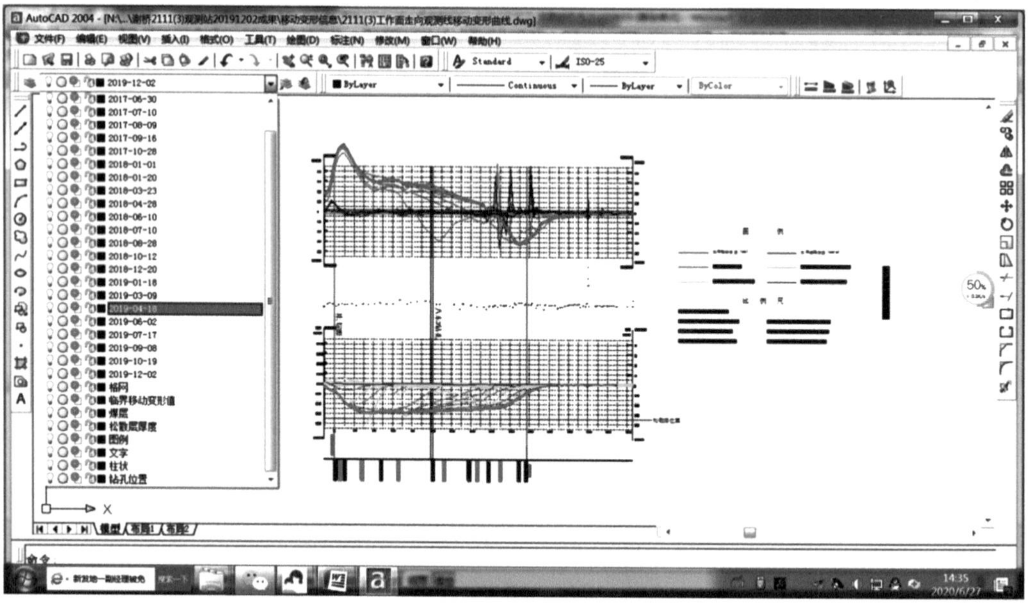

图 6-2　走向观测线移动变形曲线

(5) 按观测站观测线(如走向观测线和倾向观测线)绘制的移动变形曲线图具有分层管理的能力，图层内容符合开采沉陷监测和煤矿测量相关规程的要求。HNMSPS 软件绘制的移动变形曲线图可按地质采矿条件和移动变形曲线两大类进行管理。地质采矿条件图层主要包括地面、测点编号和位置、松散层厚度、岩层柱状、工作面位置、开采厚度、开采深度、格网线、尺度标注、图例等；移动变形曲线图层根据观测日期分别绘制在不同的图层中(如与 2019 年 4 月 18 日的观测结果相对应的移动变形曲线绘制在“2019-04-18”图层中，参见图 6-2)，各图层主要包括 6 种曲线(下沉曲线、倾斜变形曲线、曲率变形曲线、水平移动曲线、水平变形曲线、下沉速度曲线等)以及与观测日期相对应的工作面回采位置等。

6.1.3　参数解算模块

概率积分预计模型参数解算模块(简称“预计参数解算模块”)利用观测站实测数据(如基准时段坐标高程、地表稳沉后最后一次全面观测的坐标高程)、地质采矿条件和参数初始值，根据模矢法或遗传算法的求参原理，解算用概率积分预计模型进行开采沉陷预计时的 5 个基本参数[即主要影响角正切值、拐点偏移距(上、下、左、右四个值)、下沉系数、水平移动系数和影响传播角]。根据解算的参数，采用优化概率积分预计模型或 Boltzmann 函数模型对地表移动变形进行预计，并对预计结果和实测值进行比较分析，以评价解算参数的正确性。预计参数解算模块的数据处理流程如图 6-3 所示。

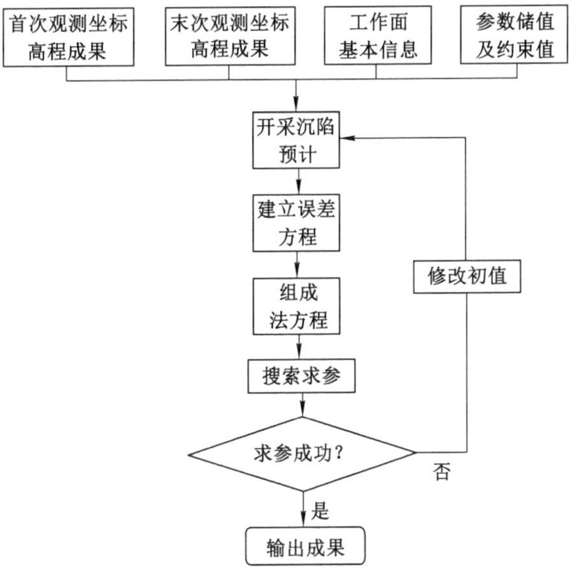

图 6-3 预计参数解算模块的数据处理流程

预计参数解算模块具有以下主要特点：

(1) HNMSPS 软件为用户提供了模矢法和遗传算法两种参数解算方法。模矢法是使用较为广泛的一种参数解算方法；遗传算法不具有初值依赖性，当参数初值不准确时，可采用遗传算法进行参数解算。

(2) 在 HNMSPS 软件中，预计参数解算模块具有承前启后的作用。预计参数解算模块根据观测站基准时段和监测时段的坐标高程成果，利用工作面的地质采矿条件(如工作面的角点坐标和采深、采高、煤层倾角、煤层倾向方位角等)和参数初始值，采用模矢法解算观测站的开采沉陷预计参数，并可将解算的参数及相关地质采矿条件传递给开采沉陷预计模块，为进行工作面的预计提供预计参数。

(3) 预计参数解算模块具有按观测线分别进行参数解算和综合解算参数的能力。例如，若某一工作面布设了走向观测线和倾向观测线两条观测线，预计参数解算模块既可以按走向观测线求参(此时，倾向方向的相关参数，如上、下山方向的拐点偏移距不参与求参)，也可以按倾向观测线求参(此时，走向方向的相关参数，如走向方向的拐点偏移距不参与求参)，同时也可以利用走向观测线和倾向观测线进行联合求参。

(4) 预计参数解算模块具有检验参数解算精度的能力。预计参数解算模块可利用解算的参数进行开采沉陷预计，并可将预计的下沉值和水平移动值与实测值进行对比，根据绘制的差异图形，评判解算参数的精度，为重新进行参数解算提供参考依据。

6.1.4 开采沉陷预计模块

开采沉陷预计模块的主要功能是根据工作面的地质采矿条件和预计参数，采用概率积分模型对开采引起的地表移动变形进行预计，为生产决策和矿区生态环境治理提供参考。开采沉陷预计模块的数据处理流程如图 6-4 所示。

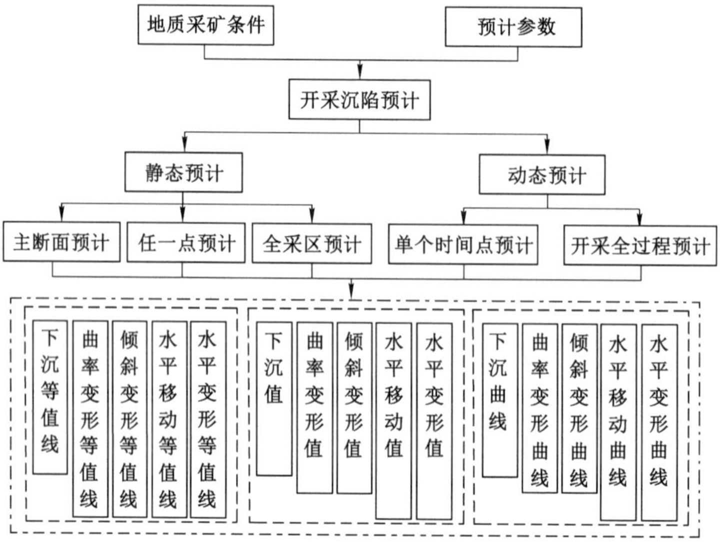

图 6-4　开采沉陷预计模块的数据处理流程

开采沉陷预计模块具有以下主要特点：

(1) 多模型供选择

HNMSPS 软件提供了概率积分模型、优化概率积分模型和 Boltzmann 函数模型三种方法，用于对工作面的移动变形情况进行预计。优化概率积分模型和 Boltzmann 函数模型可在一定程度上改善概率积分模型在厚松散层条件下预计精度不高的问题。用户可按照自己的需求选定预计模型，也可以根据不同模型预计的结果优选预计模型。

(2) 自动化程度高，运行速度较快

在用户建立好工程并定义好预计函数、输出内容后，可以根据用户的目标自动进行计算。软件的运行速度与预计区域点的密度有关。

(3) 具有友好的交互式数据处理界面

用户可以设置预计参数，如地质采矿条件参数(如工作面长和宽、采深、采高、煤层倾角等)、预计参数(如拐点偏移距、影响角正切值、下沉系数、水平变形系数等)；还可以设置输出成果的种类(各种移动变形曲线和等值线)和输出方式(表格输出和图形输出)。HNMSPS 软件将根据设置的参数进行自动计算和成果输出。

(4) 提供图文并茂的预计成果

开采沉陷预计模块可提供文本形式的移动变形预计成果，并能够绘制移动变形曲线图，包括走向或倾向的移动变形曲线图(如下沉曲线、倾斜变形曲线、曲率变形曲线、水平移动曲线、水平变形曲线)、全采区预计移动变形等值线图(如下沉等值线、倾斜变形等值线、曲率变形等值线、水平移动等值线、水平变形等值线)等。

(5) 可对预计成果进行有效的管理

对于不同的预计工程项目，其结果保存在软件安装目录的不同工程中。

6.1.5 HNMSPS 软件快速入门

HNMSPS 软件操作较为简洁，自动化程度较高，在用户准备好必要的信息后，基本上不需要人工进行干预即可获得预期的成果。

（1）软件安装

在安装 HNMSPS 软件时，软件安装路径和数据存储路径可以是不同的，软件安装时询问的是软件安装路径，第一次运行软件时询问的是数据存储路径。软件安装文件夹路径最好不要随意更改，否则软件记录的数据存储路径会丢失，运行软件时需要重新选择数据存储路径。

（2）软件协议

用户正确注册后，初次运行 HNMSPS 软件时，需同意 HNMSPS 软件的使用协议，否则不能使用 HNMSPS 软件。

（3）用户注册

运行软件时需先选择用户登录后才能继续操作，新用户需要注册后才能使用。每个用户只能对其名下的项目进行操作。

（4）建立工程项目

当初次运行 HNMSPS 软件或对某一新工程进行数据处理时，都需要建立一个新的工程项目，以便存储该工程项目的所有处理成果。

（5）数据准备

需准备的数据包括工作面基本信息、初次观测值、末次观测值以及井上下对照图等。

（6）数据处理和分析

将数据存储在某一个工程下后，可在 HNMSPS 软件的工程管理模块进行参数解算与移动变形值的预计以及对工程进行基本操作。

6.2 数据准备

采用 HNMSPS 软件解算地表移动变形预计参数的前期数据准备工作，主要就是将工作面基本信息、初次及末次观测实测数据以及井上下对照图等整理成软件所需的格式。这是熟练运用 HNMSPS 软件解算出正确结果的前提条件。

6.2.1 工作面基本信息数据格式

采用 HNMSPS 软件解算参数时，软件需要获取待解算工作面的地质采矿条件和参数初值等信息。

软件需要输入的工作面基本信息数据包括煤层厚度、煤层倾角、煤层倾向方位角、观测线观测方向、工作面角点坐标个数、工作面名称、各参数初值及其约束值、工作面角点坐标等。参数数据应保存在格式为 txt 的文本文档中。

以谢桥矿 2111(3)工作面为例，在录入其工作面基本信息数据之前，将数据具体内容整理为如下格式：

走向主断面上开切眼坐标 X，445307.773

走向主断面上开切眼坐标 Y,3627734.667
倾向主断面坐标方位角,191
走向主断面坐标方位角,281
工作面走向长度,1986.77
工作面倾向长度,234.2
煤层厚度,5.2
煤层倾角,12
松散层厚度,346
下沉系数,1.05
左边界主要影响半径,330
右边界主要影响半径,315
左边界拐点偏移距,68
右边界拐点偏移距,46
走向主断面水平移动系数,0.37
上边界采深,714
下边界采深,764
上山方向主要影响半径,300
下山方向主要影响半径,320
上山方向拐点偏移距,37
下山方向拐点偏移距,−5
上山方向水平移动系数,0.37
下山方向水平移动系数,0.37
开采影响传播角,85.48

文本文件共 24 行,以英文半角逗号分隔为两列。第一列为数据说明,第二列为具体数据。HNMSPS 软件按文件中数据的排列顺序读取数据,因此第一列的数据说明可以不同,但数据的排列顺序必须与示例相同。

6.2.2 实测观测值数据格式

采用 HNMSPS 软件解算参数时,除了需要获取待解算工作面的基本信息外,还需要首次与末次的实测观测值。

观测站首次与末次的观测值格式相同。观测值同样以文本文档的形式保存,可以按需要保存在合适的文件夹中。若该工作面共整理出 n 个观测点数据供参数反演,则该文档共 $n+1$ 行、4 列:第 1 行为观测时间,第 $2\sim n+1$ 行为观测数据;自第 2 行以后开始分为 4 列,其中第 1 列为点名,第 2 列为观测点横坐标,第 3 列为观测点纵坐标,第 4 列为观测点高程。自第 2 行起,每一行的每个数据以英文半角逗号隔开。

以谢桥矿 2111(3)工作面为例,在录入其实测观测值数据之前,将数据具体内容整理为如下格式:

2017.06.23
ML11, 445058.9443, 3627626.832, 21.7698

ML12， 444989.3144， 3627625.044， 22.5974
ML13， 444937.3415， 3627641.883， 21.5797
ML15， 444809.5409， 3627644.690， 22.2130
ML18， 444603.4314， 3627658.424， 22.5966
……
MSB48， 444008.2562， 3627661.512， 21.2807
MSB49， 444008.4755， 3627682.954， 21.3772
MSB50， 444007.9329， 3627702.708， 21.4002
MSB51， 444008.4529， 3627724.100， 21.4687
MSB52， 444009.0072， 3627744.876， 21.2399
MSB53， 444009.3071， 3627764.883， 21.2929
MSB54， 444009.5189， 3627783.797， 21.2554
……

6.2.3 用户数据目录结构

采用 HNMSPS 软件进行数据处理时，随着数据量的增加以及数据解算结果的增多，如何对这些数据进行有效的组织和管理就显得特别重要。对于最终用户，虽然不需要对数据的组织和管理进行详细了解（因为这是软件开发人员的事情），但如果需要直接查看或利用软件的运行结果，或者在软件运行出现错误后需要及时发现和分析问题，那么，对数据的组织和管理进行较详细的了解就显得不可或缺。

数据的存放路径在软件安装完成后即已确定。假设用户选择的软件安装路径为“C：\”，软件安装成功后会生成“C：\HNMSPS\”文件夹，用户数据文件夹就以“Data”为名存放在该文件夹下，具体路径为“C：\HNMSPS\Data\”。

若用户没有用过该软件，则“Data”文件夹为空。例如，用户需要对项目“谢桥矿”进行预计，该项目包含“2111(3)工作面”和“××工作面”等工作面。在按顺序建立好项目、添加工作面并导入数据后，“Data”文件夹的内容如图 6-5 所示，“Data”文件夹包含 4 个子级。

“谢桥矿”文件夹的结构如图 6-6 所示。该文件夹包含以该用户建立的所有工程为名称的文件夹和“allprojects”文件夹。在某一项目下每新建一个工程，该文件夹下就会建立一个以该工程名命名的文件夹[如 2111(3)工作面]，“allprojects”文件夹存储了软件用来管理工程的信息，用户无须关注。

以工程名命名的文件夹内容如图 6-7 所示，该文件夹保存了该工程的工作面基本信息、首次观测值与末次观测值。用户第一次建立该工程时，需要手动导入工作面基本信息、首次观测值和末次观测值。但该工程建立成功后，这些基本信息会被复制到此文件夹，再次对该工程进行操作时，程序会自动读取此路径下的文档。

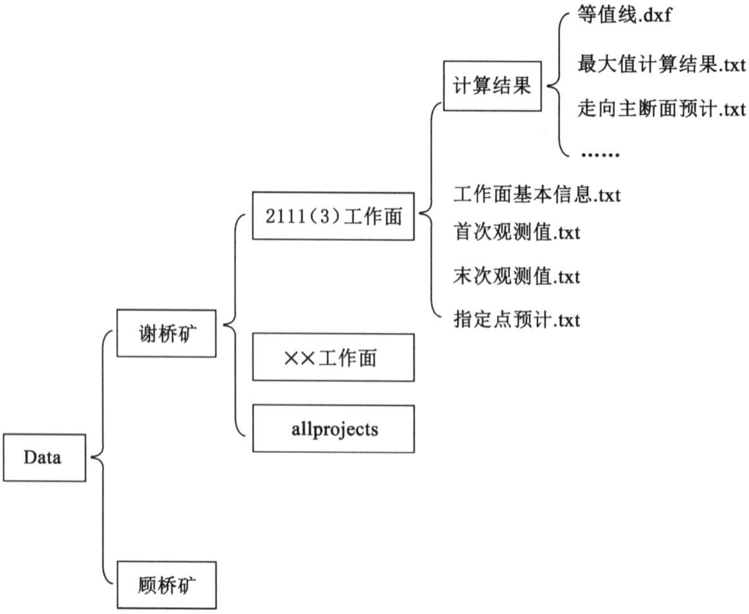

图 6-5 “Data”文件夹

名称	修改日期	类型	大小
21113工作面	2020/3/3 16:54	文件夹	
allprojects	2020/3/3 16:45	文件夹	

图 6-6 “谢桥矿”文件夹

名称	修改日期	类型	大小
计算结果	2019/12/11 15:05	文件夹	
工作面基本信息.txt	2019/12/6 12:20	文本文档	1 KB
末次观测值.txt	2019/12/11 12:27	文本文档	4 KB
首次观测值.txt	2019/12/11 12:27	文本文档	4 KB

图 6-7 “2111(3)工作面”文件夹

6.3 HNMSPS 软件的工程应用

顾北煤矿南一采区 11-2 煤层 1312(1)工作面自 2012 年 2 月 9 日正式回采，到 2012 年 5 月 14 日结束。2012 年 6 月 29 日开始回采 1312(1)工作面西南侧约 442 m(工作面中心距离)处的 1332(1)工作面，并于 2012 年 12 月 27 日回采结束。实际工作面回采长度约 620 m(含开切眼)，宽度为 205 m(含运输顺槽和回风顺槽)，煤层厚度为 2.73～5.57 m，平均采高为 3.3 m，倾角为 3°～7°，平均为 5°，为近水平煤层，实际采出煤量为 58.5 万 t，实际工作面回采率为96.47%。根据井上下对照图,回采工作面11-2煤层埋深为493～540 m,平均为528 m;煤层底板高程为－475～－542 m。该工作面回采范围内上覆新生界松散层厚度(即基岩面埋深)较厚,总体呈北厚南薄、西厚东薄的特点,厚度为417.9～448.9 m,平均为440 m。

1312(1)工作面布设了半条倾向观测线和一条走向观测线。将倾向观测线主体布置在离开切眼约310 m、距停采线约305 m的方向上,走向观测线主体布置在下山方向偏离工作面中心线的距离 D_0=37 m的方向上。1312(1)工作面实测观测站略图见图6-8。

图6-8 1312(1)工作面实测观测站略图

在所有监测点中,剔除实测下沉边界以外的监测点和异常监测点(如点位破坏)后,1312(1)工作面共选取有效监测点54个,其中下沉边界监测点共26个。走向线有效监测点共38个,其中下沉边界监测点共14个;倾向线有效监测点共16个,其中下沉边界监测点共12个。

本工程应用中,以顾北煤矿1312(1)工作面为例,进行开采沉陷预计、参数解算和移动变形值计算。按照上述操作准备好顾北煤矿1312(1)工作面的参数初值和实测数据并建立好工程后,按HNMSPS软件功能分别对工作面进行解算。

6.3.1 移动变形值计算

本软件以开切眼处下山方向的工作面角点为坐标原点,以从坐标原点指向采空区的方向为正方向建立坐标系。HNMSPS软件可以计算出顾北煤矿1312(1)工作面txt格式的移动变形值及CAD格式的移动变形图。dxf格式的图形成果见图6-9与图6-10。

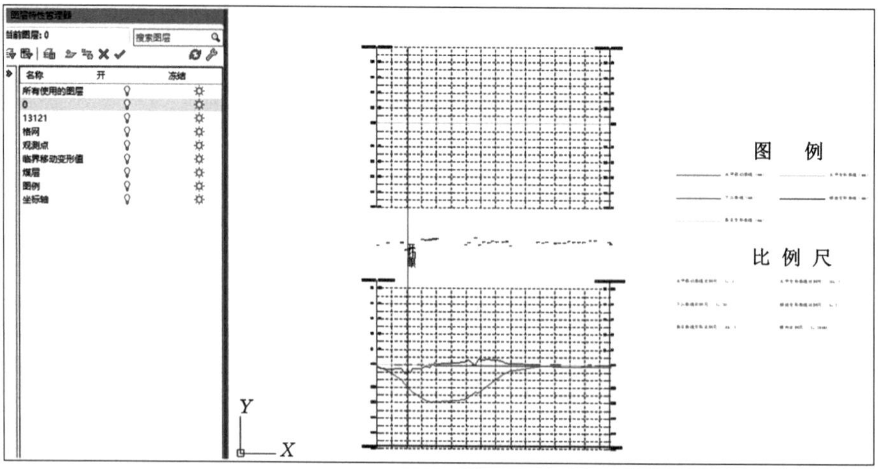

图 6-9 1312(1)工作面走向移动变形结果

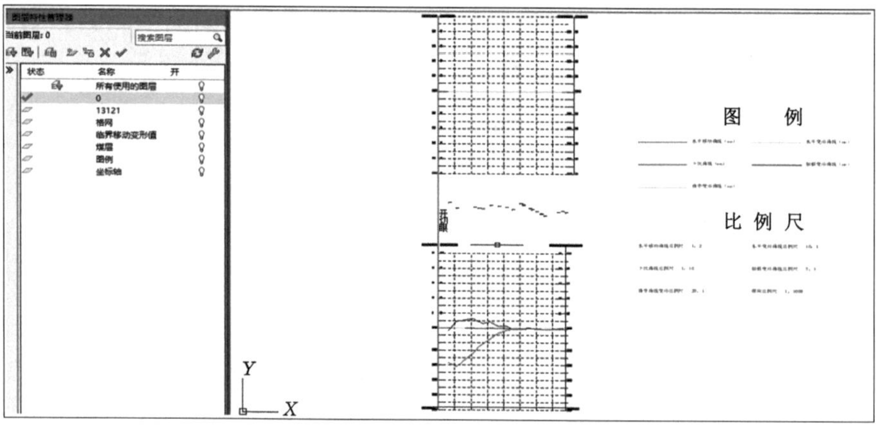

图 6-10 1312(1)工作面倾向移动变形结果

6.3.2 参数解算

在准备好参数解算所需的数据文件后,启动 HNMSPS 软件对 1312(1)工作面概率积分预计模型参数进行解算。HNMSPS 软件提供根据下沉值解算参数和根据下沉与水平移动联合解算参数两种手段,可以 txt 文档的形式将解算出来的参数和拟合成果保存在相应的计算结果文件夹。1312(1)工作面根据下沉值解算的参数结果见表 6-1,解算出来的预计参数下沉值拟合情况如图 6-11 所示。经计算,拟合中误差 $\delta=100.8$。

表 6-1 1312(1)工作面概率积分预计模型参数解算成果

下沉系数 q	水平移动系数 b	主要影响角正切值 $\tan\beta$	开采影响传播角 θ/(°)
1.10	0.33	2.2	87
上山方向拐点偏移距 $S_{上}$/m	下山方向拐点偏移距 $S_{下}$/m	左边界拐点偏移距 $S_{左}$/m	右边界拐点偏移距 $S_{右}$/m
5	−13	50	−1

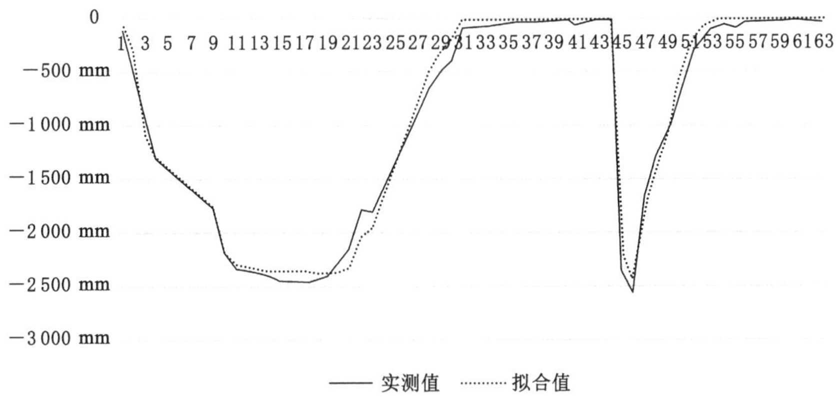

图 6-11 1312(1)工作面按下沉值解算的参数结果

6.3.3 移动变形预计

软件的移动变形预计功能可以根据用户的选择，输出 txt 格式的文本数据和 dxf 格式的图形数据。供用户选择的预计方法包括“概率积分模型”“优化概率积分模型”和“Boltzmann(玻尔兹曼)函数”。

1312(1)工作面松散层平均厚度为 440 m，属于巨厚松散层，因此，应选择概率积分模型、优化概率积分模型或 Boltzmann 函数进行预计。为了比较这三种模型对厚松散层下开采沉陷预计的效果，分别利用表 6-1 中的概率积分预计模型参数，使用这三种模型对 1312(1)工作面进行预计。Boltzmann 函数使用的参数与概率积分预计模型参数相同，其中超级影响半径 $R=r/4.13$；优化概率积分模型的预计参数除开采影响传播角 θ_0、水平移动系数、拐点偏移距与概率积分预计模型参数相同外，其他六个参数按 5.3.2 小节中的方法进行求解：

$$\begin{cases} q_a = 0.433 + 0.657q_0 = 1.16 \\ \tan\beta^1_{走向} = 2.287 + 0.364\tan\beta_0 - 0.303h_s/H - 1.944n_y = 2.3 \\ \tan\beta^2_{走向} = 0.430 + 0.244\tan\beta_0 - 0.281h_s/H - 0.505n_y = 0.6 \\ \tan\beta^1_{倾向} = 1.071 + 1.084\tan\beta_0 - 0.699h_s/H - 0.755n_y = 2.6 \\ \tan\beta^2_{倾向} = 0.067 + 0.832\tan\beta_0 - 0.279h_s/H - 0.265n_y = 1.6 \\ \rho = 0.136 + 0.034h_s/h_j = 0.31 \end{cases} \tag{6.3.1}$$

三种模型所需参数均在程序内部由概率积分预计模型参数计算得出，不需要用户另外输入。

(1) 主断面预计

在准备好预计所需的数据文件后，对 1312(1)工作面进行主断面预计。三种模型预计移动变形结果如图 6-12～图 6-17 所示(详情请扫描二维码)。由图 6-12～图 6-17 可知，走向实测边界与实测拐点间的距离为 570 m，概率积分预计模型边界与实测拐点间的距离为 263 m，玻尔兹曼函数模型预计边界与实测拐点间的距离为 326 m，优化概率积分预计模型边界与实测拐点间的距离为 668 m；倾向实测边界与实测拐点间的距离为 537 m，概率积分预计模型边界与实测拐点间的距离为 245 m，玻尔兹曼函数模型预计边界与实测拐点间的距离为 316 m，优化概率积分预计模型边界与实测拐点间的距离为 475 m。

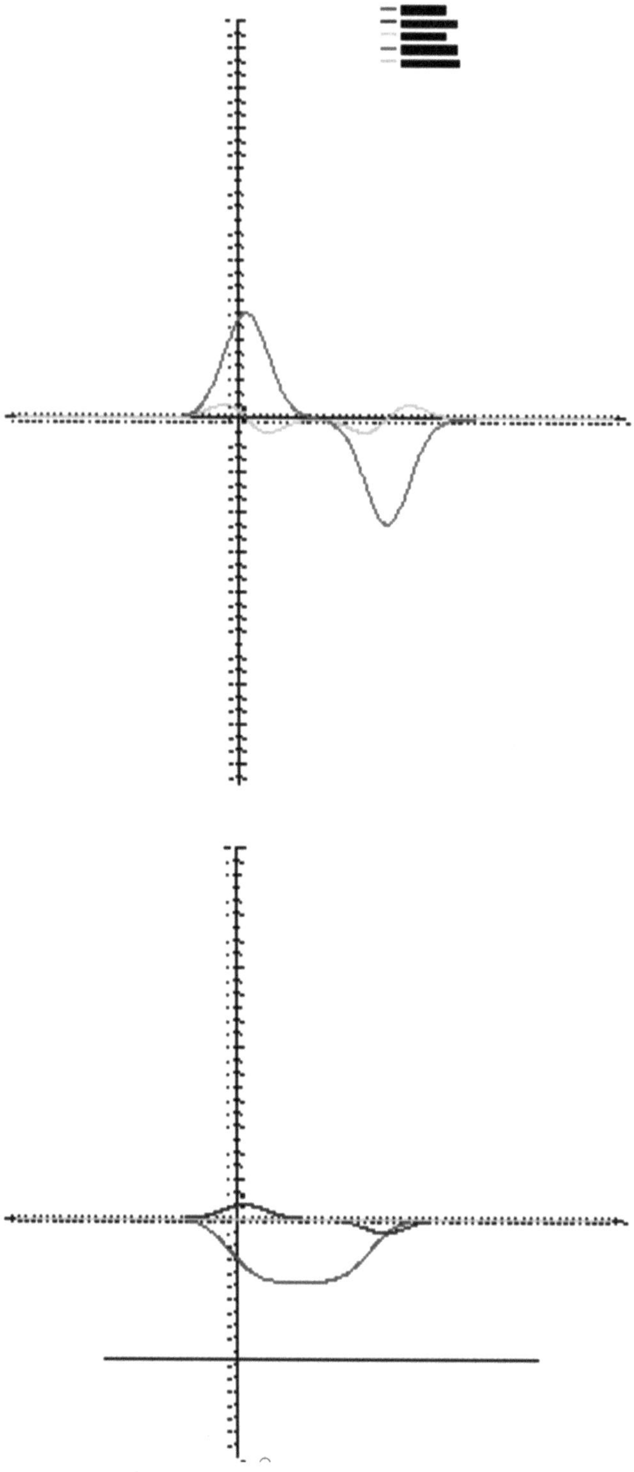

图 6-12　概率积分模型预计的 1312(1)工作面走向移动变形示意图

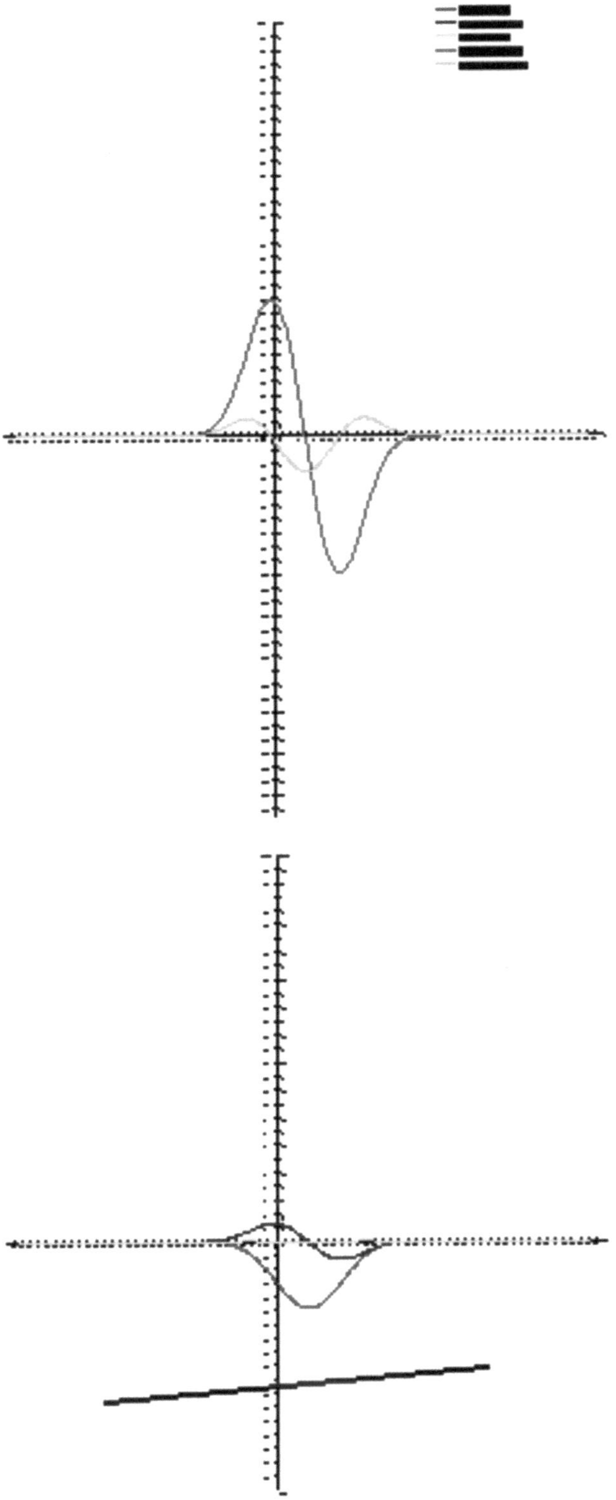

图 6-13　概率积分模型预计的 1312(1)工作面倾向移动变形示意图

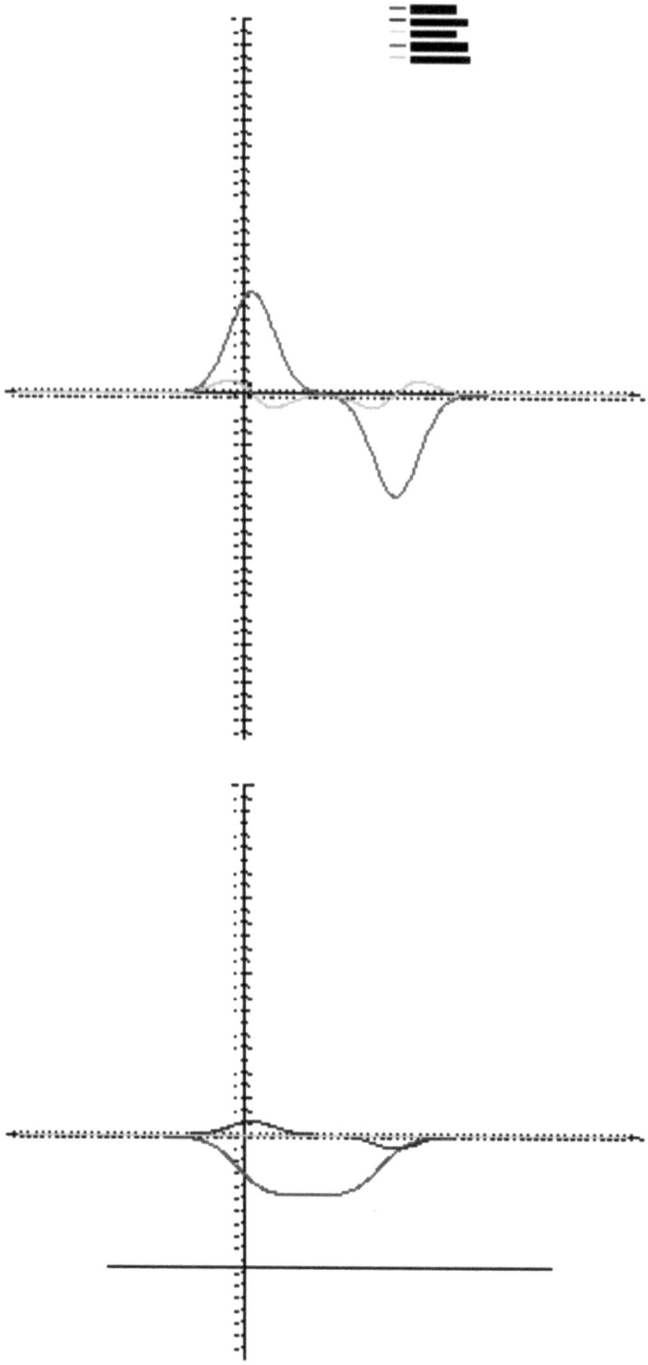

图 6-14　优化概率积分模型预计的 1312(1)工作面走向移动变形示意图

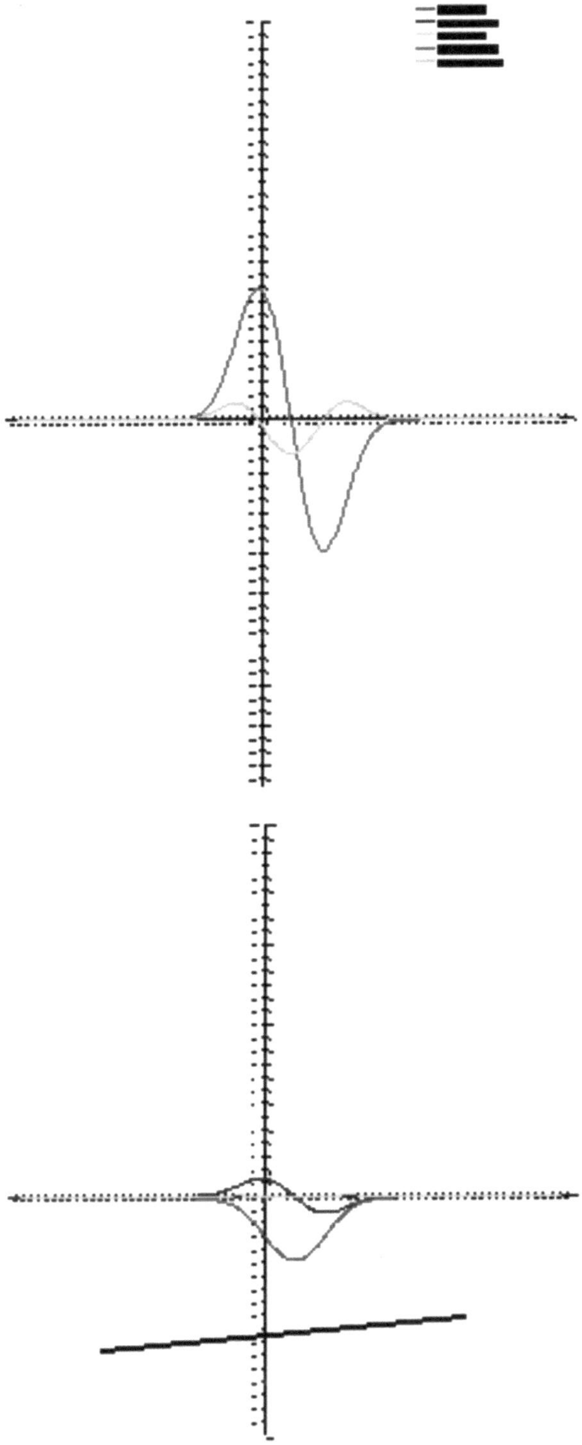

图 6-15　优化概率积分模型预计的 1312(1)工作面倾向移动变形示意图

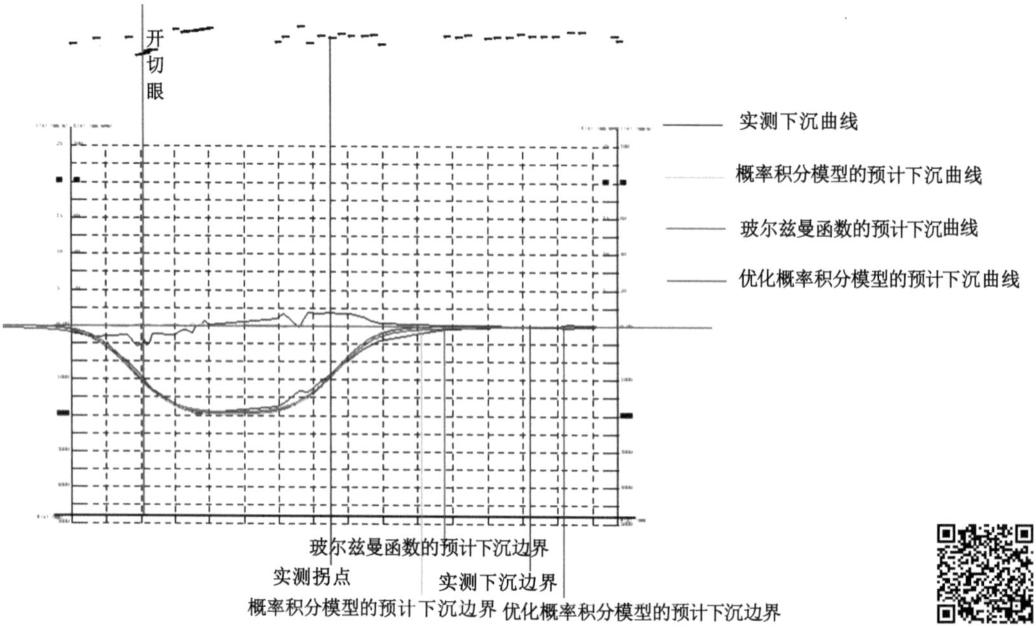

图 6-16　1312(1)工作面走向主断面三种模型的预计下沉曲线与实测下沉曲线对比图

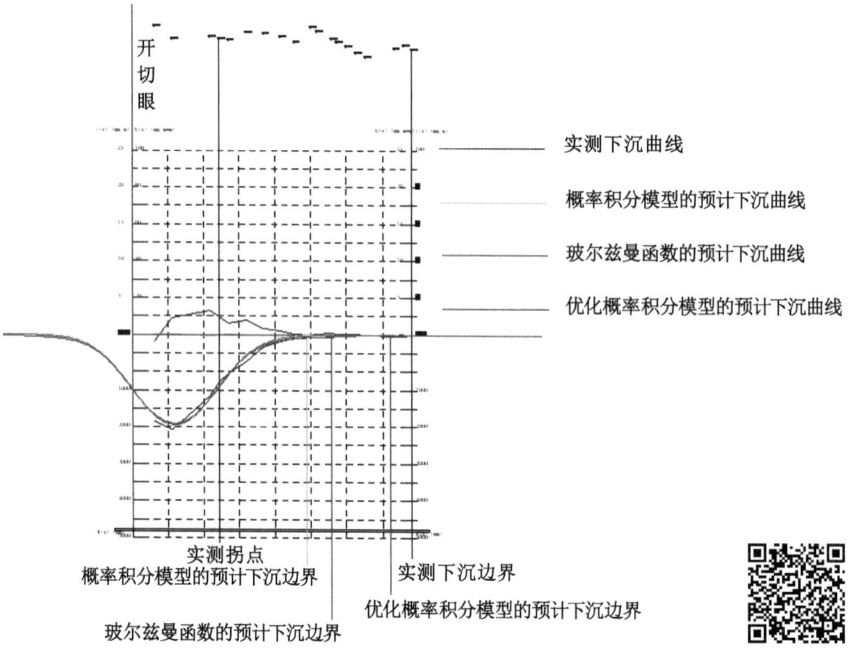

图 6-17　1312(1)工作面倾向主断面三种模型的预计下沉曲线与实测下沉曲线对比图

(2) 移动变形等值线输出

概率积分模型与优化概率积分模型预计的 1312(1)工作面下沉等值线结果对比如图 6-18～图 6-19 所示。

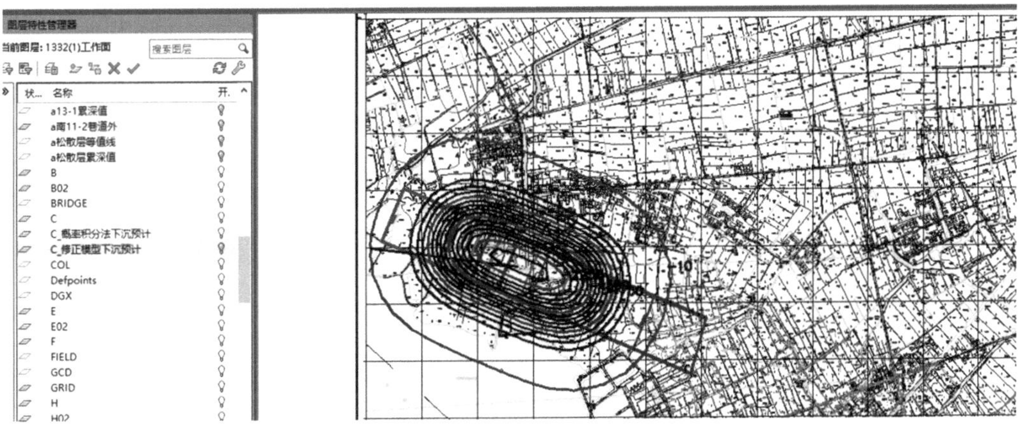

图 6-18 概率积分模型预计的 1312(1)工作面下沉等值线图

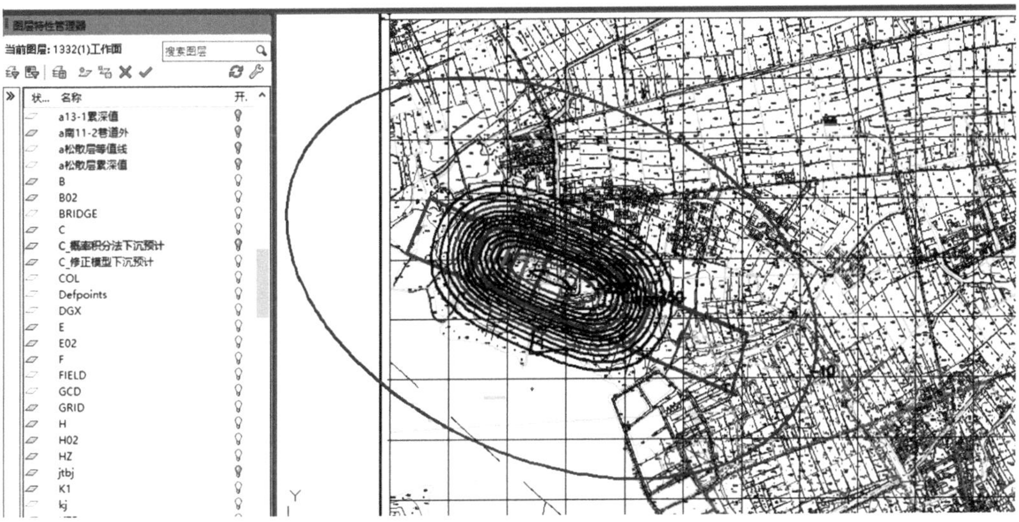

图 6-19 优化概率积分模型预计的 1312(1)工作面下沉等值线图

(3) 点预计

采用概率积分预计模型、Boltzmann 函数和优化概率积分预计模型，分别对顾北煤矿南一采区 11-2 煤层 1312(1)工作面的有效观测点进行预计，结果对比见表 6-2。

表 6-2 1312(1)工作面点预计误差对比

方法	走向中间相对误差/%	走向边缘相对误差/%	走向整体相对误差/%	倾向中间相对误差/%	倾向边缘相对误差/%	倾向总体相对误差/%	拟合中误差/mm	相对误差中误差/mm
概率积分预计模型	5.1	64.9	27.7	5.2	66.5	55.0	100.8	54.8
Boltzmann 函数	4.6	62.7	26.6	6.0	51.2	42.7	90.3	48.6
优化概率积分预计模型	5.3	11.5	7.7	5.7	11.6	10.5	90.0	10.7

参考文献

[1] 安徽理工大学导航定位技术应用研究所,淮南矿业(集团)有限责任公司. 淮南矿区岩移规律及相关参数研究研究报告[R]. 淮南:安徽理工大学,2019.

[2] 安徽理工大学导航定位技术应用研究所,淮南矿业(集团)有限责任公司. 潘谢矿区巨厚松散层下开采沉陷边界参数研究研究报告[R]. 淮南:安徽理工大学,2019.

[3] 安徽理工大学导航定位技术应用研究所,中煤新集刘庄矿业有限公司. 新集矿区巨厚松散层及推覆体下开采地表(岩层)移动变形规律研究研究报告[R]. 淮南:安徽理工大学,2019.

[4] 陈兴达,余学祥,池深深,等. 基于多种群遗传算法的概率积分法参数反演[J]. 煤矿安全,2020,51(11):50-54.

[5] 池深深. 深井开采地表移动变形响应时空关联模型研究及应用[D]. 淮南:安徽理工大学,2021.

[6] 国家安全监管总局,国家煤矿安监局,国家能源局,等. 建筑物、水体、铁路及主要井巷煤柱留设与压煤开采规范[S]. 北京:煤炭工业出版社,2017.

[7] 郭龙辉,程桦,彭世龙,等. 厚松散层薄基岩开采覆岩离层裂隙演变与下沉分形特征研究[J]. 煤矿安全,2020,51(9):59-64.

[8] 郭文兵,邓喀中,邹友峰. 概率积分法预计参数选取的神经网络模型[J]. 中国矿业大学学报,2004,33(3):322-326.

[9] 郭文砚,胡炳南,范明宇,等. 淮南矿区地表下沉系数主控因素分析与回归计算[J]. 中国煤炭,2018,44(6):46-50.

[10] 何国清,杨伦,凌赛娣,等. 矿山开采沉陷学[M]. 徐州:中国矿业大学出版社,1991.

[11] 贺平,王东攀,高保彬. 厚松散层地表移动变形预计的双曲函数法[J]. 煤矿开采,2005(2):3-5.

[12] 侯得峰,许胜军,戚灵灵. 厚冲积层下开采地表动态移动规律及预计研究[J]. 矿业科学学报,2021,6(1):60-70.

[13] 胡炳南,张华兴,申宝宏. 建筑物、水体、铁路及主要井巷煤柱留设与压煤开采指南[M]. 北京:煤炭工业出版社,2017.

[14] 淮南矿业(集团)有限责任公司,中国矿业大学 (北京). 淮南矿区"三下"深部煤层岩层与地表移动规律研究[R]. 淮南:淮南矿业(集团)有限责任公司,2010.

[15] 淮南矿业(集团)有限责任公司生产技术部. 淮南潘谢矿区巨厚松散层工广及风井煤柱优化设计研究报告[R]. 淮南:淮南矿业(集团)有限责任公司,2002.

[16] 蒋创. 基于 InSAR 的开采沉陷全周期三维监测理论与技术及应用研究[D]. 淮南:安徽理工大学,2022.

[17] 李静娴. 厚松散层下开采地表移动变形规律与区域预测模型构建[D]. 淮南：安徽理工大学，2021.

[18] 李培现，谭志祥，闫丽丽，等. 基于支持向量机的概率积分法参数计算方法[J]. 煤炭学报，2010，35(8)：1247-1251.

[19] 罗亦泳，姚宜斌，赵庆志，等. 利用优化的组合核相关向量机算法构建地表下沉预测模型[J]. 武汉大学学报(信息科学版)，2018，43(9)：1295-1301.

[20] 吕伟才，黄晖，池深深，等. 概率积分预计参数的神经网络优化算法[J]. 测绘科学，2019，44(9)：35-41.

[21] 谭浩. 基于空天地平台监测数据融合的矿区大梯度形变规律研究[D]. 淮南：安徽理工大学，2021.

[22] 王宁，吴侃，秦志峰. 基于松散层厚影响的概率积分法开采沉陷预计模型[J]. 煤炭科学技术，2012，40(7)：10-12.

[23] 王宁，吴侃，刘锦，等. 基于 Boltzmann 函数的开采沉陷预测模型[J]. 煤炭学报，2013，38(8)：1352-1356.

[24] 王永辉，冯园，李兰兰. 巨厚松散层下开采沉陷岩土体移动变形规律[J]. 成都理工大学学报(自然科学版)，2020，47(6)：733-741.

[25] 王正帅，邓喀中. 概率积分法沉陷预计的边缘修正模型[J]. 西安科技大学学报，2012，32(4)：495-499.

[26] 温建生. 厚松散层黄土丘陵地貌开采沉陷规律实测研究[J]. 山西煤炭，2020，40(4)：81-85.

[27] 杨帆，麻凤海. 地表移动预计参数选取的神经网络法[J]. 中国地质灾害与防治学报，2004，15(1)：102-106.

[28] 余华中，李德海，李明金. 厚松散层下开采预计的概率积分法修正模型[J]. 焦作工学院学报(自然科学版)，2004，23(4)：255-257.

[29] 余学祥，吕伟才，柯福阳，等. 煤矿开采沉陷自动化监测系统[M]. 北京：测绘出版社，2014.

[30] 余学义，穆驰，张冬冬. 厚松散层大采高开采地表移动变形规律研究[J]. 煤矿安全，2020，51(4)：235-239.

[31] 袁勋，杨双锁. 厚松散层下深部开采地表沉陷的复合介质模型[J]. 煤矿安全，2017，48(8)：215-218.

[32] 赵忠明，施天威，董伟，等. 灰色关联分析与 BP 神经网络的概率积分法参数预测[J]. 测绘科学，2017，42(7)：36-40.

[33] 周大伟，安士凯，张静，等. 概率积分参数选取的主成分回归分析[J]. 辽宁工程技术大学学报(自然科学版)，2013，32(11)：1528-1532.

[34] 左建平，孙运江，钱鸣高. 厚松散层覆岩移动机理及“类双曲线”模型[J]. 煤炭学报，2017，42(6)：1372-1379.

[35] BU P，LI C K，LIAO M G，et al. An approach for estimating underground-goaf boundaries based on combining DInSAR with a graphical method[J]. Advances in civil engineering，2020，2020(1)：9375056.

[36] CHI S S, YU X X, WANG L, et al. Angle of critical deformation calculation model of surface subsidence basin based on improved ELM neural network [J]. Fresenius environmental bulletin, 2020, 29(7): 6006-6013.

[37] CHI S S, WANG L, YU X X, et al. Calculation method of probability integration method parameters based on MIV-GP-BP model [J]. Tehnicki vjesnik-technical gazette, 2021, 28(1): 160-168.

[38] HAN J H, HU C C, ZOU J Q. Time function model of surface subsidence based on inversion analysis in deep soil strata[J]. Mathematical problems in engineering, 2020, 2020: 4279401.

[39] HOU D F, LI D H, XU G S, et al. Superposition model for analyzing the dynamic ground subsidence in mining area of thick loose layer[J]. International journal of mining science and technology, 2018, 28(4): 663-668.

[40] JIANG Y, MISA R, TAJDU K, et al. A new prediction model of surface subsidence with cauchy distribution in the coal mine of thick topsoil condition[J]. Archives of mining sciences, 2020, 65(1): 147-158.

[41] LI H Z, ZHA J F, GUO G L. A new dynamic prediction method for surface subsidence based on numerical model parameter sensitivity[J]. Journal of cleaner production, 2019, 233: 1418-1424.

[42] LI J X, YU X X, LIANG Y. A prediction model of mining subsidence in thick loose layer based on probability integral model[J]. Earth sciences research journal, 2020, 24(3): 367-372.

[43] LI J X, YU X X, CHEN D S, et al. Research on the establishment of a mining subsidence prediction model under thick loose layer and its parameter inversion method[J]. Earth sciences research journal, 2021, 25(2): 215-223.

[44] SASAOKA T, TAKAMOTO H, SHIMADA H, et al. Surface subsidence due to underground mining operation under weak geological condition in Indonesia [J]. Journal of rock mechanics and geotechnical engineering, 2015, 7(3): 337-344.

[45] SUI L C, MA F, CHEN N. Mining subsidence prediction by combining support vector machine regression and interferometric synthetic aperture radar data [J]. ISPRS international journal of geo-information, 2020, 9(6): 390.

[46] WANG Y D, YANG Z F, LI Z W, et al. Fusing adjacent-track InSAR datasets to densify the temporal resolution of time-series 3-D displacement estimation over mining areas with a prior deformation model and a generalized weighting least-squares method[J]. Journal of geodesy, 2020, 94(5): 47.

[47] XU X B, MA C, LIAN D J, et al. Inversion and analysis of mining subsidence by integrating DInSAR, offset tracking, and PIM technology [J]. Journal of sensors, 2020, 2020: 4136837.

[48] ZHA J F, XU M Q. High-grade highways deformation and failure laws in mining area-a case in Nantun Coal Mine, China [J]. International journal of pavement

engineering,2019,20(11):1251-1263.

[49] ZHANG L L,CHENG H,YAO Z S,et al. Application of the improved knothe time function model in the prediction of ground mining subsidence:a case study from Heze City,Shandong Province,China[J]. Applied sciences,2020,10(9):3147.

[50] ZHOU D W, WU K, MIAO X X, et al. Combined prediction model for mining subsidence in coal mining areas covered with thick alluvial soil layer[J]. Bulletin of engineering geology and the environment,2018,77(1):283-304.